现代微生物菌剂制备及应用研究

武占省　周玉岩　杨　岚　著

中国商业出版社

图书在版编目（CIP）数据

现代微生物菌剂制备及应用研究 / 武占省，周玉岩，杨岚著. -- 北京 : 中国商业出版社，2024. 7. -- ISBN 978-7-5208-3019-5

Ⅰ. TQ455

中国国家版本馆CIP数据核字第2024HP4065号

责任编辑：吴　倩

中国商业出版社出版发行
（www.zgsycb.com　100053　北京广安门内报国寺1号）
总编室：010-63180647　　编辑室：010-83128926
发行部：010-83120835/8286
新华书店经销
北京七彩京通数码快印有限公司印刷
*
710毫米 ×1000毫米　16开　9.75印张　209千字
2024年7月第1版　2024年7月第1次印刷
定价：50.00元
* * * *
（如有印装质量问题可更换）

前　言

微生物菌剂是指通过将一个或多个从大自然中分离出来，并且经过人工改造而获得的微生物菌种，根据一定比例搭配而构成的细菌共生体。目前，微生物菌剂已广泛应用于环保及农业等领域。在环保领域中，微生物菌剂主要应用于无污染畜禽养殖业、污水处理、重金属污染修复等多个方面，是减少及消除环境污染物并缓解环境压力的重要手段之一。在农业领域中，微生物菌剂主要应用于盐渍化土壤改良、农林生态治理与保护等方面，相较于物理法、化学法等其他方法，具有不产生二次污染的优势。此外，微生物菌剂使用方便、经济安全，其开发和利用的市场前景十分广阔。

本书在介绍现代微生物菌剂基本概念的基础上，阐述了不同类型微生物菌剂的实验方法和制备技术，如微生物菌剂发酵工艺、液态复合微生物菌剂的制备技术、固态复合微生物菌剂的制备技术等，并进一步分析了微生物菌剂在无污染畜禽养殖业、污水处理、重金属污染修复、盐渍化土壤改良、农林生态治理与保护等领域的应用。

目　录

第一章　现代微生物菌剂概述

第一节　微生物菌剂概述

一、微生物菌剂

微生物菌剂是指由单一或多个目标活性微生物经过扩繁和多次工业化加工处理，利用多孔物质如蛭石、草炭等吸附微生物发酵液所制成的活性菌剂，它是一种能够让作物通过微生物活动和产物达到特定肥效的产品。菌剂的核心是微生物，通过其自身的生命活动来调控植物的生存环境，为植物的生长发育提供和积累养分。微生物菌剂是一种新型肥料，每一种菌剂添加的功能菌株类型都不相同，都有各自的特点，作用也不完全相同，因此，微生物菌剂在农业种植应用中具有高效和专一性，在农业生产中占有重要的地位。大量研究表明，微生物菌剂在提高土壤肥力、缓解已有土壤问题、降低化肥过度使用所导致的污染方面有着重要的作用。合理使用微生物菌剂，不仅能减少化肥和农药的用量、减少环境污染，而且能提高作物对营养物质的吸收和利用，提高作物的产量和品质。

二、微生物菌剂种类

微生物菌剂的种类很多，其分类的方法与标准也各不相同。以微生物的种类为依据，可分为根瘤菌接种剂、光合细菌菌剂、有机物质腐熟剂等几十种。根据其作用，可分为固氮菌、解磷菌、解钾菌和抗生菌等。根据微生物菌剂的成分与结构，可以将其分成单一的和复合的两类。在我国，根据其存在形式将菌剂分为液态和固态两种。液态可直接进行罐式发酵，也可采用矿物油封接；固态可以被分成粉状剂型和颗粒剂型，具体包括单菌株制剂、多菌株制剂和微生物加增效物（如化肥、微量元素和有机物等）。

三、微生物菌剂的载体

微生物菌剂载体的作用是为微生物提供适宜生存的环境，促进微生物大量繁殖，达到更好的效果。微生物菌剂载体一般是以有机质的形式存在，目前常用的微生物菌剂载体包括泥炭、海绿石和蛭石等。泥炭作为不可再生资源，因其利用成本比较高，开发难度也较大，不能作为长期可以利用的载体资源。因此，寻找低污染、成本低、容易获得，又可以为微生物提供适宜条件的载体，成为当务之急。

四、微生物菌剂的菌株来源

目前，微生物菌剂的菌株来源主要有三种方式：自然筛选、基因工程菌构建、商业菌剂购买①。

（一）自然筛选

通过在自然环境或者污染场地，筛选具有特定功能的菌株，并通过投加突变剂，提高菌株的酶活性以及促进效应因子、胞外酶的分泌，最后通过发酵来大量生产菌剂，这种方式取种效率较高且菌种类型较多。

微生物菌剂菌株的筛选方法主要有两种：一种是将土壤等环境样品作为筛菌对象，利用定向筛选技术，经多代驯化，选育出目标微生物；另一种更常用的方法是将环境样品作为筛菌对象，经过富集、分离和纯化后筛选出单一菌株，制备单一微生物菌剂，或通过菌株间的混合培养制备出所需复合微生物菌剂。两种方法均被广泛应用于微生物菌剂的制备中。王彦杰等②通过采集土壤样品，经富集、分离纯化筛得 5 株絮凝率高达 75%以上的细菌菌株，并通过任意两两混合，发现 J4、J5 混合得到的复合型微生物絮凝剂絮凝率最高，达 85.25%。崔丽虹③采用紫外分光光度法测量从石油污染样品中分离的 50 株细菌的石油烃降解率，得到 5 株降解活性较高的菌株，再将 5 株高效石油烃降解菌进行任意组合形成复合菌进行培养发酵，获得了降解率达 80.4%的高效复合微生物菌剂。宫玉胜④以纤维素降解率为筛选指标，经初筛、复筛得到 8 株高温纤维素降解菌，再通过不同比例复合培养，得到了最佳协同作用的复合菌剂，并用于巢湖蓝藻能的资源化利用。王天竹⑤利用类似方法，以 DEHP 降解率为指标，经富集、分离、纯化、混合培养，获得了高效降解 DEHP 的复合微生物菌剂。自然界中物质的降解依赖于各种微生物的协同作用，近年来，这种协同作用关系被人们日渐重视⑥，所以复合微生物菌剂的制备越来越多地采用定向筛

---

① 应航，汪海鹏，王春艳，等．生物强化技术的特性及其水污染治理工艺研究［J］．环境与发展，2018，30（11）：61-62.

② 王彦杰，李佳，詹艳群．复合型微生物絮凝剂产生菌培养条件优化的研究［J］．黑龙江八一农垦大学学报，2006，18（4）：13-18.

③ 崔丽虹．石油烃降解菌的筛选、鉴定及复合菌群降解效果的研究［D］．北京：中国农业科学院，2009.

④ 宫玉胜．复合菌剂的筛选及在蓝藻堆肥上的应用［D］．合肥：安徽大学，2010.

⑤ 王天竹．高效降解 DEHP 复合菌群的构建及降解特性研究［D］．长春：东北师范大学，2010.

⑥ 孙宝魁，王东伟．高效稳定纤维素分解混合菌群的筛选及分解特性研究［J］．环境科学与管理，2008，33（9）：116-119.

选技术，经驯化、筛选、多代稳定后，选育出高效的复合微生物菌剂。崔诗法等①从枯枝落叶中提取微生物，进行富集之后以滤纸崩解断裂为衡量指标，对微生物进行筛选和驯化，经40多代的培养，筛选出降解纤维素能力较强的复合菌St-13。戚桂娜②以自然沼液为接种物，以产沼气量为衡量指标，利用限制性培养技术，构建了一组35 ℃下遗传稳定的沼气发酵复合菌。陈文浩③以牛粪堆肥为材料，除氨率为指标，构建了一组除氨复合菌CC-E。柳洪良④则将土壤、酸奶等环境样品密闭发酵，获得菌源，培养传代后，获得乳酸菌复合菌LBC-8用于甘蔗渣发酵，从而实现甘蔗渣的资源化利用。种玉婷⑤以稻秆为主要碳源，从富含纤维素的土壤中分离了一组高效降解稻秆的复合菌LZF-12，稻秆发酵结束后失重率为66%。牛俊玲⑥以4种不同原料堆置的高温期堆肥样品作为菌种来源，通过驯化、筛选及不同菌株之间的优化组合，构建了一组降解纤维素和林丹的复合菌CMS，该复合菌剂可加快堆肥腐熟。

（二）基因工程菌构建

利用生物工程技术，通过整合特定的基因或病毒，培育全新的多质粒菌株，将可富集和降解的主导性基因导入适应能力较好且繁育能力强的菌株体内，从而达到提高微生物适应能力及利用一种微生物降解多种污染物的目的。但该方式具有局限性，因为所构建的菌种安全性无法得到详细的评估，仅能停留在实验室水平上进行研究⑦。

构建基因工程菌可以解决单一降解菌应用的局限性及混合菌株竞争抑制等问题，最重要的是可以大幅度提高对污染物的降解效率⑧。张浩⑨将适合实验室培养条件发挥功能的启动子P_1和土壤中发挥功能的启动子P_2与磺酰脲类除草剂去酯化酶基因*sulE*进行无缝连接，然后构建到宿主载体上，将重组载体导入恶臭假单胞菌KT2440菌株中，分别构建了基因工程菌KT-sulP_1和KT-sulP_2，并将它们与野生型降解菌S113进行比较，发现在玉米盆钵实验中，工程菌KT-sulP_1、KT-sulP_2和野生菌S113对噻吩磺隆要害均可起到解除作用，其中工程菌KT-sulP_2的解除作用最好，10天后，苗长和苗重、根长和根重四个指标与未加药对照相比基本恢复正常水平。边志龙⑩将根际促生菌——荧光假单胞菌CHA0基

① 崔诗法，廖银章，黎云祥，等．纤维素分解复合菌St-13的筛选及产酶条件的研究［J］．现代农业科学，2009，16（1）：8-11.

② 戚桂娜．沼气发酵复合菌及其在牛粪厌氧发酵中的应用［D］．大庆：黑龙江八一农垦大学，2010.

③ 陈文浩．除氨复合菌的筛选及其在条垛式堆肥中的应用［D］．大庆：黑龙江八一农垦大学，2011.

④ 柳洪良．甘蔗渣发酵饲料中乳酸菌复合菌的筛选及其发酵特征的研究［D］．延吉：延边大学，2010.

⑤ 种玉婷．稻秆降解复合菌的筛选及其发酵特性研究［D］．哈尔滨：东北农业大学，2011.

⑥ 牛俊玲．堆肥中高效降解纤维素——林丹复合菌的构建及应用［D］．北京：中国农业大学，2005.

⑦ 朱文博．生物强化技术在水污染治理中的运用分析［J］．皮革制作与环保科技，2021，2（7）：101-103.

⑧ 谢云．高效石油烷烃降解菌及原油降解基因工程菌构建研究［D］．西安：西北大学，2014.

⑨ 张浩．磺酰脲类除草剂降解基因工程菌株的构建［D］．南京：南京农业大学，2013.

⑩ 边志龙．假单胞菌基因工程固氮菌菌剂的制备和田间应用效果评价［D］．济南：山东大学，2022.

因组中负责抗生素合成的负调控基因 *retS* 敲除，增强了菌株的抗菌活性，并将来源于斯氏假单胞菌 DSM4166 的固氮基因岛（*nif*）整合到 CHA0-Δ*retS* 基因组中，使菌株 CHA0-Δ*retS*-*nif* 兼具高效生防活性和生物固氮活性，并将其制备成规模化生产的液体菌剂，通过大田大蒜试验，发现接种 CHA0-Δ*retS* -*nif* 菌剂对大蒜植株有明显的促生效果，抑制大蒜根腐病害的发生率，提高健康蒜头和蒜薹的产量，还有利于大蒜鳞茎大蒜素的合成和积累。

（三）商业菌剂购买

目前市面上的菌剂一般为多种菌株混合配制而成，组成比较丰富，具有特定的降解能力，以菌液或干粉形式出售。商业菌剂的优点是菌剂可反复配制，缩短微生物培养时间，而且在使用过程中安全高效，可有效防止污染。但商业菌剂在使用时需要注意在适宜的条件下激活，并且注意菌剂抵抗高浓度污染物以及抗重金属的能力范围，保证菌株的存活与繁殖，才能达到更好的降解能力①。

五、微生物菌剂的研究现状

微生物肥料的发展可追溯于 1888 年，荷兰微生物学家 Beijerlinck 首次将根瘤菌进行纯化培养；1895 年，法国科学家 Noble 首次将根瘤菌接种剂“Nitragin”应用于豆科植物，是最早的微生物肥料；1930 年，欧洲学者将从土壤中分离的解磷菌和硅酸盐细菌应用到生产中②。随后的几十年，微生物菌剂在世界各国得到关注，即使在当时对微生物肥料的作用有相当大的争议，但相继对固氮菌、解磷菌等接种菌进行了多次田间试验，相关研究取得了一定的进展，相应地证明了微生物接种剂在农业生产中的重要性，也促进了微生物肥料的迅速发展。目前，诸多欧美发达国家在农业生产中对微生物肥料的使用占肥料总量的 20%以上③。

我国对微生物肥料的研究始于 20 世纪 30 年代，张宪武教授发表了我国首篇关于大豆根瘤菌研究及应用的文章；到 50 年代初，大豆根瘤菌接种剂也逐渐推广应用于农业生产；1958 年微生物肥料也被列入《农业发展纲要》，并作为一项重要的农业技术措施④。在 20 世纪中后期，随着放线菌培养制成的“5406”抗生菌剂和固氮蓝绿藻肥料相继问世；国内对微生物肥料的研究迅速发展，通过研究发现 VA 菌根能提高植株水分利用率和改善植株

---

① 熊贵利，陈瑾，叶文衔．生物强化技术及其在水污染治理中的应用［J］．环境科学与管理，2013，38（4）：82-86.

② 孟瑶，徐凤花，孟庆有，等．中国微生物肥料研究及应用进展［J］．中国农学通报，2008，24（6）：276-283.

③ 张瑞福，颜春荣，张楠，等．微生物肥料研究及其在耕地质量提升中的应用前景［J］．中国农业科技导报，2013，15（5）：8-16.

④ 牛翠芳．我国微生物肥料行业现状及其发展趋势［J］．农业技术与装备，2007（10）：36-37.

磷素的营养条件；实际的农业生产中也相继涉及联合固氮菌剂、生物钾肥等新型微生物肥料；其中对植物根际促生细菌（PGPR）的研究是当时土壤微生物学科的活跃领域，而后提出的由多种微生物菌与有机肥按比例复合而成的复合微生物肥料作为农业生产中基肥来指导应用①。国内对微生物肥料的生产工艺研究也取得成果，2009 年，徐亚南等研究人员在微生物培养技术领域取得成功，不仅降低了菌剂生产成本，还有效提高了菌剂的肥力和防病效能，从而实现了微生物菌剂在农田生产的广泛应用。

21 世纪以来，国内外对微生物肥料的研究进一步地提升到基因工程菌剂、有机与无机复合的生物有机肥等多功能的微生物肥料。目前市场上的微生物肥料主要分两种：微生物菌剂和复合微生物肥料。微生物菌剂主要是有机物料腐熟剂、固氮菌菌剂、溶磷菌菌剂、根瘤菌菌剂、硅酸盐菌剂和复合菌剂等。谢慧芳等②在污水处理线上利用微生物菌剂 Tx-1 提高水处理效果和减少污泥产量的试验，成功实现微生物菌剂的生产性应用研究。刘小红③对新疆番茄施用复合微生物菌剂 707 的试验，成功实现了增产的目的，也起到了活化土壤营养元素、抵抗病虫害的作用。周庆等④对微生物菌剂在难降解有机污染治理的研究进展进行了综述，其中概括了微生物菌剂在酚类物质、多环芳烃和多氯联苯等有机污染治理的发展历程，也提出了微生物菌剂在治理难降解有机污染方面存在的问题以及发展趋势。李鸣雷等⑤利用微生物菌剂对麦草等高温堆肥的进程进行研究，实验表明添加微生物菌剂对堆肥腐熟和堆肥质量较不添加菌剂效果更明显。复合微生物肥料主要是生物有机肥和复合微生物肥料，其使用范围主要包括土壤、作物、果树等经济作物类型。Chen 等⑥在高寒地区施用磷肥和微生物菌剂，对土壤微生物含量和酶活性进行了相关研究，以及在青藏高原寒冷和干旱地区施用不同菌剂对紫花苜蓿生长进行研究；Zhang 等⑦也通过施用微生物菌剂来进行研究茄子抵抗黄萎病的田间试验；范洁群等⑧通过施用不同微生物菌剂

---

① 周法永，卢布，顾金刚，等．我国微生物肥料的发展阶段及第三代产品特征探讨［J］．中国土壤与肥料，2015（1）：12-17.

② 谢慧芳，张晋华，辛文力，等．微生物菌剂在线污泥减量的生产性应用研究（英文）［J］．东南大学学报：英文版，2016，32（4）：502-507.

③ 刘小红．三科微生物复合菌剂 707 新疆棉花施用效果试验［J］．农业工程技术，2017，37（2）：21.

④ 周庆，陈杏娟，许玫英．微生物菌剂在难降解有机污染治理的研究进展［J］．微生物学通报，2013，40（4）：669-676.

⑤ 李鸣雷，谷洁，秦清军，等．微生物菌剂对麦草、鸡粪高温堆肥进程及质量的影响［J］．水土保持研究，2011，18（5）：183-186.

⑥ Chen J L，Shi S L，Juan Q I. Effect of combined application of phosphate and microbial fertilizer on soil microbial quantity and soil enzyme activity in alpine region［J］. Grassland & Turf，2016，36（01）：7-13.

⑦ Zhang D M，Gao ZJ，Goo W，et al. Field efficiency trial of microbial fertilizer against eggplant verticillium wilt［J］. Plant Diseases & Pests，2016，7（1）：24-27.

⑧ 范洁群，褚长彬，吴淑杭，等．不同微生物菌肥对桃园土壤微生物活性和果实品质的影响［J］．上海农业学报，2013，29（1）：51-54.

来研究促进桃树生长以及对桃树土壤微生物活性和果实品质影响的试验；崔鹤宇①研究了微生物菌剂对梨枣生长和结果的影响，微生物菌剂能有效提高梨枣的坐果率和单果重，有明显的增产作用；王国明等②进行了不同微生物菌剂及用量对普陀樟和红楠苗木的生长、生物量及养分状况影响的试验，结果发现不同微生物菌剂对普陀樟的茎、高、生物量无显著差异，却对红楠高、茎、生物量有显著增长，对两种植株氮磷钾的养分积累有显著提升作用。

随着社会经济快速增长，农业生产对肥料的需求和施用也不断增加，这也导致化肥价格上涨、化肥使用过量对环境超负荷及农产品污染。长期使用化肥导致土地板结、养分含量和有机质含量急剧下降等土壤污染问题以及对生态造成的破坏，微生物肥料中的有益微生物可以提高土壤孔隙度、植物成活率，改良土壤，微生物肥料的推广应用或许能为当下诸多土壤问题（重金属污染、有机污染、盐渍化、荒漠化）提供解决方案。微生物肥料虽已得到人们的重视，但在实际生产中的效果并不稳定，并且多菌种之间的研究又缺乏系统性。因此，为促进微生物肥料的发展，对现有菌种的培育进行完善并广泛收集，形成相应的菌种资源库，使生物肥菌种生产的标准化，提高其使用效果的必然性，为今后的微生物肥料产业开发和发展提供保障是至关重要的③。

第二节　微生物菌剂的影响

一、微生物菌剂对土壤的影响

（一）土壤理化性状

土壤理化性状是影响作物生长及品质至关重要的因素。近年来，由于化肥农药使用泛滥、有机肥用量减少，造成了土壤透气性变差、团粒结构变细、盐渍化和酸化等土壤问题，从而影响作物的生长发育，施用微生物菌剂可以有效地改善土壤质量，提高土壤的肥力，减少土壤中的污染物含量，促进植物的生长发育。有研究表明，施入复合微生物菌剂可降低土壤的硝态氮含量和土壤容重（BD），提高土壤 pH 值。施用根瘤菌和枯草芽孢杆菌的复合菌剂不仅能提高土壤全氮、全磷含量，且速效磷、速效钾含量也明显升高。不同的微生物菌剂对土壤理化性质的影响不同，研究发现固氮菌、巨大芽孢杆菌、胶冻样芽孢

---

① 崔鹤宇．微生物菌肥对梨枣生长及结果的影响试验［J］．河北林业科技，2013（2）：10-11.

② 王国明，赵颖，王美琴，等．微生物菌肥对普陀樟、红楠 2 个树种苗木生长及养分状况的影响［J］．中国农学通报，2016，32（34）：7-14.

③ 曲雪静．关于微生物肥料研究现状及发展趋势［J］．生物技术世界，2016（4）：50-51.

杆菌和枯草芽孢杆菌四种微生物菌剂分别有固氮、分解或溶解土壤中难溶的含磷和含钾物质的作用。以上研究表明，微生物菌剂能显著改善土壤中氮、磷、钾含量的有效转化，降低土壤容重，进而改善土壤理化性状。

（二）酶活性

酶能体现土壤中各种生化反应的强度，是土壤中生物活性最强的部分，可以作为体现土壤肥力强弱的生物转化指标，酶活性越高，土壤性状越好。研究发现，微生物菌剂中的有效菌在土壤活动的过程中，会生成大量的代谢产物，如生长素、赤霉素等。这些代谢产物既可以在一定程度上促进植物生长，又可以分解植物残体，加速腐殖质的形成，提高土壤透气性，从而提高土壤中的硝酸酶、蔗糖酶、脲酶和亚硝酸酶等酶活性。在连作的土壤中施用微生物菌剂后，土壤中的酶活性随着施用浓度的增加而增加。研究表明四种促生菌剂均使土壤有机质、速效养分、酶活性、细菌、放线菌、微生物总数及微生物碳、氮含量有明显增加，而微生物真菌数量、微生物生物量碳氮比含量有明显下降。综上所述，微生物菌剂能通过其微生物活动来提高土壤的酶活性，从而形成利于植物生长的根系环境，促进植物体有益酶活力的表达和提高，进而促进后续的生长发育。

（三）养分含量

施用微生物菌剂能维持土壤养分的平衡，当菌剂中的有益微生物菌群接种于根系土壤的时候，它可以迅速进行定植，通过解磷、解钾和固氮作用，进而使土壤中的有效氮、有效磷、有效钾含量得到提高，并释放与溶解土壤中硅酸盐的养分。磷和钾是植物生长的主要必需常量营养元素，而土壤中 90%～99%的磷和钾以固体或沉淀的形式存在，很难被植物吸收利用。有研究表明，杆菌属和类芽孢杆菌属等微生物菌剂可以将土壤中不易被作物吸收的磷和钾分解，使其更容易被作物吸收利用，进而提高作物的肥料利用率。氮是帮助土壤养分运输和促进植物生长的重要营养元素，根瘤菌属、固氮菌属、贝氏菌属和肺炎克雷伯菌等能够通过与植物之间的共生或非共生相互作用来实现生物固氮，进而保持田间土壤氮水平。因此，在作物生产中应用固氮、解磷和解钾的微生物菌剂，不仅可以活化土壤养分、提高营养元素转化速率，还可以减少农药化肥的使用，有利于实现生态友好型农业。

（四）微生物群落

土壤微生物在土壤环境中起着关键作用，它的微生物组成多样性与均匀性在某种程度上反映了土壤的质量。在施用微生物菌剂后，能改善土壤的疏松度，提高养分，改善原有微生物菌群的生存环境，有利于微生物大量繁殖。有益微生物在土壤中定植后，可以降低植物病原菌的生存空间，抑制有害物质的再生，从而提高植物的自身免疫力。由此可见，微生物菌剂中含有的活性有益微生物菌，可以通过调节土壤生态系统，改善土壤中的微生物群落结构，进而促进根系生长，为植物建立良好的生长环境。

二、微生物菌剂对作物的影响

（一）促进植物生长发育

微生物菌剂可以通过影响根际环境，促进植物生长发育。微生物菌剂中的活性菌株在繁殖过程中会产生丰富的植物生长激素，这些生长激素可以促进植株健康生长，调节植物生长发育，从而达到提高作物产量的效果。

（二）改善品质，提高产量

使用大量的肥料虽然能提高产量，但不仅生产成本提高，而且会损害生态环境。微生物菌剂中的有益微生物可为植物提供养分含量，改善作物的营养状况，有利于作物的生长发育，进而提高农产品产量，同时对环境的危害较小。近年来，微生物菌剂在改善品质、提高产量方面的效果逐渐被挖掘。

（三）增强抗逆性

施用微生物菌剂能在植物根系形成优势菌，从而对其他病菌的繁殖起到抑制作用。例如，内生菌、植物根际促生细菌等有益微生物能够与植物形成共生、互惠的关系，特别是微生物还能帮助植物抵抗某些外界非生物胁迫，从而减少作物病害发生的机会。目前关于施用微生物菌剂在提高植株抗病性、抗逆性中的研究报道较多。有研究者把拮抗菌剂加入烟草的育苗基质中，结果表明，该药剂的处理对控制青枯病、黑胫病等具有显著的作用。由此可见，微生物菌剂在节约成本、保护环境的前提下，能提高植物自身的抗病和免疫能力。

第三节　复合微生物菌剂

一、复合微生物菌剂的构建

复合微生物菌剂是通过一种或多种具有互生或共生作用的微生物按照适当的比例混合配制而成，该菌剂一般具有一种或几种降解功能，能够高效净化水质，提高污水的生物处理系统稳定性。

复合微生物菌剂的构建一般包括以下环节：首先，通过筛选、基因工程菌构建或者商业购买获得高效去除菌；其次，基于微生物生理生态学和分子生态学理论，对筛选出的微生物进行菌种鉴定，对鉴定后的菌株进行驯化培养，以提高其遗传稳定性和抗高浓度污染物能力；再次，将微生物进行配比组合，确定复合微生物菌剂最佳配方，并制备菌剂，将菌剂进行实际工程应用以及效能研究；最后，将复合微生物菌剂大规模生产、投入使用。

二、复合微生物菌剂的应用

复合微生物菌剂在现代盐碱地改良中应用十分广泛，通常会从植物根际及不同土壤中分离纯化不同的功能有益微生物来应对土壤元素缺失的情况，最终将互相不产生拮抗作用的两种或更多菌株构建成复合菌剂，选择合适的植物进行盆栽验证。农业上有许多复合菌剂改良盐碱地，提升植物生长指标的例子。有研究者利用七种不同的植物促生细菌按照生物量 1∶1 的比例复配成复合微生物菌剂，利用水稻盆栽实验筛选高效复合微生物菌剂，显著提高水稻的生长指标。土壤微生物在维持土壤健康和土壤有效养分向作物矿化方面起着关键作用。许多微生物被用作生物肥料，以提高土壤肥力和作物产量。微生物菌剂通常应该能够根据功能和特性合理搭配使用，要涵盖多种改良功能且保证达到的效果显著，能够为农作物增产，明显改善土壤性质。从长远来看，相对于单个菌株，复合菌剂要保证能够长期发挥作用且效果显著，不随着外界及土壤环境的变化而变化，能够增加作物产量。还有人在黄瓜生长的土壤中加入研制的相应复合菌剂，与对照相比，黄瓜植株长势增高，根长、茎粗均有显著性增加，叶片数增多，叶片更绿，产量也较对照有一定程度的增加。刘畅等人研制出一种对根际有促生功能的复合菌剂，设计花生盆栽幼苗实验来验证复合菌剂的促生作用。结果发现此种复合菌剂可以降低土壤盐碱毒害，增加土壤中的营养元素，形成一个较好的微环境。微生物菌剂在水稻土壤中的加入使水稻的产量较对照提高了 13.5%，它的作用可将秸秆等物质中的营养分解，从而增加土壤中的有机质含量。EM 菌剂代替部分化肥对樱桃、番茄进行盆栽验证实验，发现减量化肥的效果高于全量化肥，说明菌剂对于植物的作用十分显著，而且可以减少化肥的施用量。有研究者将实验室自主研发的复合微生物菌剂施到种植小麦的土壤中，结果显示，复合菌剂增加了土壤中有机物质、可利用氮元素和磷元素的含量，为小麦提供更多可利用的营养物质，从而提高了小麦的单位产量，达到更高的年收成。

第四节　脱氮微生物菌剂

一、脱氮微生物菌剂的定义

脱氮微生物菌剂是指具有一定脱氮功能的微生物菌株（如硝化细菌、反硝化细菌、厌氧氨氧化细菌等）所复配组成的微生物菌剂，其能依据微生物自身的特性对目标水体实现反硝化、厌氧氨氧化、短程硝化反硝化等脱氮功能。

二、微生物菌剂的脱氮机理研究进展

微生物菌剂的脱氮主要是依靠菌剂内的脱氮微生物进行代谢从而达到去除氮类污染物的效果。目前国内主流的微生物脱氮方法依旧是传统微生物脱氮，其氮转化具体过程如图1-1所示。

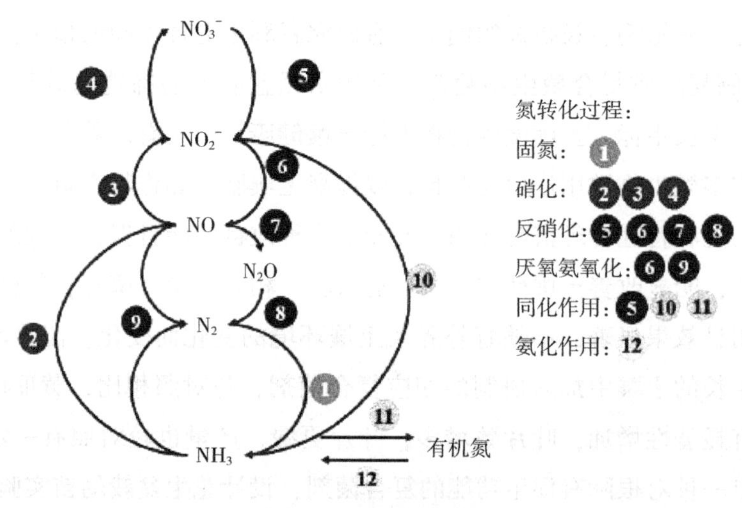

图1-1 氮转化过程

所谓传统微生物脱氮是指水中的有机氮在氨化细菌的作用下生成氨氮，接着在硝化细菌以及亚硝化细菌两种菌的共同作用下转变为硝态氮，最后反硝化细菌通过酶的代谢经过一系列链式反应将硝态氮依次转变为亚硝态氮、一氧化氮、氧化亚氮、氮气最终排放出水体以达到去除水体氮元素的目的。随着研究的不断深入，在传统脱氮机理的基础上延展出来了许多新型脱氮方式。

（1）短程硝化反硝化。区别于传统脱氮过程，短程硝化反硝化可以将脱氮过程直接控制在亚硝态氮阶段，即省略亚硝态氮转变为硝态氮再转变为亚硝态氮的步骤，大大减少污水处理系统所需能耗。

（2）同步硝化反硝化。同步硝化反硝化菌可以解决传统硝化反硝化不能实现空间时间上统一的问题，将硝化反硝化过程在同一个反应体系内进行，大大减少反应器所需的占地面积。

（3）厌氧氨氧化。学者发现自然界中存在一类厌氧氨氧化菌株，其可以在水中溶解氧较低以及氨氮和亚硝酸盐达到一定比例的特殊条件下实现直接将氨氮和亚硝态氮转化为氮气。

尽管新型脱氮机理相较于传统脱氮机理有着能耗低的优势，但其大规模应用受限于运行条件苛刻且稳定性不强等缺陷，所以市面上微生物菌剂依旧以传统脱氮为主。

第二章　不同类型微生物菌剂的实验方法与制备技术

第一节　微生物菌剂发酵工艺

一、细菌培养条件

细菌培养是一种人类研究微生物的方法，当前许多研究者都使用人工培养基培育和分离细菌。由于培养基的发现和优化，微生物学进入了迅速发展时期①。细菌培养至少需要以下营养条件。

（1）水。水是生命之源，是天然的溶剂，能溶解养分，运输养料。一些细菌需要游离水才能生长。

（2）碳源。碳是细菌中最丰富的组成元素，而碳源对于脂肪、碳水化合物、蛋白质和核酸至关重要。一般细菌可以利用无机碳源，如二氧化碳，也可以利用有机碳源，如糖类和酒精。有机碳源价格较高，而无机碳源相对廉价。碳源在初级和次级代谢产物的生产过程中起着重要作用。除此之外，碳源的代谢速率通常会影响生物质的形成和代谢产物的产生。

（3）氮源。氮源是多种多样的，可以以有机形式存在，也可以以无机形式存在。氮源能用于菌体细胞物质和含氮代谢物的合成。

（4）无机盐。无机盐是细菌必不可少的营养物质，它有一定的抗菌效果，能减少杂菌生成。

除此之外，有些细菌还需要生长因子和能源物质。生长因子是细菌无法从环境中获取的营养物质，有时必须在培养基中添加生长因子才能促进细菌繁殖。通过研究发现，嘌呤和嘧啶碱基是不同类型的生长因子，并且它们是核酸合成所必需的物质。例如，一些乳酸菌便需要腺嘌呤、鸟嘌呤、胞嘧啶、胸腺嘧啶或尿嘧啶来生长。氨基酸和维生素也属于生

---

① Bonnet M，Lagier J C，Raoult D，et al. Bacterial culture through selective and non-selective conditions：the evolution of culture media in clinical microbiology［J］. New Microbes and New Infections，2020，34：100-622.

长因子，其中，氨基酸用于蛋白质的合成，维生素是辅酶的前体。Chen 等①通过研究发现玉米淀粉中含有大量生长因子，如维生素、氨基酸和微量元素，这些生长因子能促进 *Bacillus* sp. EL31410 的生长并增加酶的产量。对于能源物质，有两种类型的细菌：一是光养细菌，如 *Thiocapsa roseopersicina*，通过将光能转化为化学能而将光能作为能源物质；二是合成型细菌，其利用矿物质的氧化能或有机化合物作为能源。

培养基的运用和发展方便了学者们对微生物的研究。培养基由基本元素（水、营养物质）组成，同时还必须向其中添加不同的生长因子，这些生长因子对每种细菌而言都是特定的，并且对于细菌的生长来说是必不可少的。培养基一般分为液体培养基和固体培养基，液体培养基将养分溶解于水中，细菌在这种类型培养基中的生长，一般可以通过观察培养基中是否出现浑浊来证明，但很难从这种培养基中分离出细菌。另外，这种培养基也无法鉴定细菌的种类和形态特征，但有助于细菌获取营养，在搅拌或摇床振动下细菌的营养物质得以更新。固体培养基中使用的主要胶凝剂是琼脂，可以用来分离不同的细菌菌落，因而在这类培养基中可以观察到各种细菌的不同形态特征。但在固体培养基中，细菌获取营养的途径可能受到限制。具有高凝胶含量的培养基比具有低凝胶含量的培养基形成的菌落小，因为其减少了营养物质的流动和毒素的去除，从而减少了细菌对这些养分的吸收。除此之外，培养基中可用的养分量也决定了细菌菌落的大小。对于有些细菌来说，培养基中可用营养物质含量过高是有毒的。

此外，选择性培养基对微生物的研究也起到了十分重要的作用。选择性培养基是指在病菌生长所需的基本培养基成分中，加入某些适宜种类和适当比例的抑菌物质，从而使目标病菌比其他杂菌相对较快地生长。通过对目标病菌的选择性培养，可以观察其是否存在以及数量上的动态变化。选择几种常用的培养基，在不同的培养基上接种不同的菌株，通过观察各种培养基成分对不同微生物的选择性、显色反应及不同菌株在选择性培养基上具有的特征性菌落形态，初步并快速判定微生物，尤其是致病类微生物。这便是选择性培养基在微生物研究方面的优势与便捷之处。

事实上，尽管有许多丰富的培养基，但是每种细菌都是独特的，并有特定的要求。因此，关于细菌培养的研究还将继续进行。

二、培养基的优化

众所周知，除了碳源、氮源、无机盐和生长因子，还有很多因素能影响微生物生长和产物生成等，因此很难直接找到影响微生物培养最重要的因素并对其进行优化。在 20 世

① Chen Q H, He G Q, Ali M A M. Optimization of medium composition for the production of elastase by *Bacillus* sp. EL31410 with response surface methodology [J]. Enzyme and Microbial Technology, 2002, 30 (5): 667-672.

纪70年代之前，培养基优化是使用经典方法进行的，该方法昂贵、费时，并且涉及大量实验，准确性也较差，这在完全优化上有一定的局限性。同时，培养基的优化是一个非常复杂的过程，应考虑其成分之间可能发生的相互作用。随着现代数学和统计技术的发展，培养基优化在提供结果方面变得更加高效、经济和可靠。为了设计发酵培养基，必须确定并优化最适宜的培养基组成配方（如碳源、氮源和无机盐等）和最佳的发酵条件（如 pH 值、温度和转速等），通过优化这些参数，可以达到最大的产物浓度。

目前，优化培养基的方法有许多种，诸如 OFAT（一次进行一个因子）实验、PB 设计（Plackett Burman Design，PBD）和响应面分析法（Response Surface Methodology，RSM）等。在做 OFAT 实验时，实验要求一次仅改变一个因子或变量，同时保持其他变量不变。除了化学和生物学变量外，一些研究人员还使用 OFAT 实验来优化发酵过程中的物理参数，如 pH 值、温度和转速等。PB 设计主要通过每个因子取两水平来进行分析，并将每个因子两水平的差异与整体的差异进行比较，以确定各个因子的显著性，这种方法适用于因子数较多的情况。响应面分析法则是一种寻求多变量系统最佳条件的实验策略，是一种有效的优化技术，该方法已成功应用于培养基组分的优化。响应面分析法模型简单、有效、耗时少，并且能够预测各种代谢产物在生产过程的优化条件。PB 设计和响应面分析法的组合已在许多研究中用于培养基配方的优化，为所需代谢产物提供获得最佳产量的方案。

根据 PB 设计可以确定发酵的关键因素，通过爬陡坡试验确定最佳浓度范围，根据 Box-Behnken 设计进行研究可以预测到培养基的最优配方。Singh 等①研究表明统计方法是优化从脱油米糠中生产支链淀粉的有效方法，使用最佳的培养基组成，可以获得更高的支链淀粉产量和生物量产量。Oleksy-Sobczak 等②研究表明优化后的培养基使 *L. rhamnosus* EOCK 0943 的 EPS（expanded polystyrene）产量至少提高了 13 倍，*L. rhamnosus* LOCK 0935 几乎增长了 9 倍，而与标准 MRS 培养基中的培养物相比，*L. rhammosus* EOCK OM-1 则增长了 7 倍以上。Pereira 等③成功采用响应面分析法优化了基于玉米浆和其他低成本营养物质来源的培养基，以通过酿酒酵母从葡萄糖高效生产乙醇，使生产率和酵母活力大大提高。Mahazar 等④研究报道，通过响应面分析法优化的培养基，可以使 *Candida* sp. 和

① Singh R S，Kaur N. Understanding response surface optimization of medium composition for pullulan production from de-oiled rice bran by Aureobasidium pullulans［J］. Food Science and Biotechnology，2019，28（5）：1507-1520.

② Oleksy-Sobczak M，Klewicka E. Optimization of media composition to maximize the yield of exopolysaccharides production by *Lactobacillus rhamnosus* strains［J］. Probiotics and Antimicrobial Proteins，2020，12（2）：774-783.

③ Pereira F B，Guimarães P M R，Teixeira J A，et al. Optimization of low-cost medium for very high gravity ethanol fermentations by *Saccharomyces cerevisiae* using statistical experimental designs［J］. Bioresource Technology，2010，101（20）：7856-7863.

④ Mahazar N H，Zakuan Z，Norhayati H，et al. Optimization of culture medium for the growth of *Candida* sp. and *Blastobotrys* sp. as starter culture in fermentation of cocoa beans（theobroma cacao）using response surface methodology（RSM）［J］. Pakistan Journal of Biological Sciences：PJBS，2017，20（3）：154-159.

Blastobotrys sp. 的生长最快且产量最大。De Coninck 等①研究指出，最佳的培养基组合可将蛋白酶产量提高 46%。Jeong 等②不光对培养基组分进行了优化，还对一些发酵工艺进行了筛选，结果表明与使用常规培养基和培养条件的产量相比，优化后的培养条件使漆酶的产量增长了约 56 倍。

综上所述，培养基的优化面临着诸多挑战，几乎所有的研究人员都在一个阶段或另一个阶段遇到"在什么时候应该停止应用进一步的优化技术，或者哪个步骤是优化研究的终点"这一问题，设计发酵培养基可能是一个永无止境的问题，因为终点取决于各种因素，所以，仍然需要考虑一些要点以实现更高的精度和进一步的优化。

三、菌体（细胞）高密度发酵

众所周知，所有摇瓶发酵都存在一些缺点，如氧气传输能力差、pH 值无法控制、混合不充分以及发酵过程中蒸发量大等。因此，科研工作者便提出了高细胞密度发酵（High Cell Density Fermentation，HCDF）的概念。高细胞密度培养（High Cell Density Cultivation，HCDC）或高细胞密度发酵是指在一定的培养条件下，通过使用发酵罐等设备显著提高菌体密度，从而获得更多且更高效目标产物的发酵技术。相比普通发酵方法，其工艺稳定、发酵周期短，能最大限度地提高菌体产量和产物表达量，目前已成为中试生产的主要发酵技术。除此之外，高细胞密度发酵法还可以减少能源的消耗、环境的污染及设备的投资，极大地提高了表达产品在市场上的竞争力，受到广大科研工作者和商家的青睐。随着人们对大量重要微生物的遗传背景和生理特性的逐步认识，高细胞密度发酵技术的应用范围也在逐步扩大，与之相伴的生物技术也得到了快速发展，使我们能够精确控制相关的环境因素，如溶氧量、搅拌速度、温度和 pH 值等，为接下来发展智能化发酵奠定了坚实的基础。

Lu 等③研究表明，采用 5L 发酵罐高密度培养，上清液中的最大木聚糖酶活性为 48 241 U/mL，是摇瓶发酵的 7.5 倍，后者仅为 6 403 U/mL。另外，相比摇瓶发酵，采用高细胞密度发酵技术，可使巴斯德毕赤酵母细胞成功且高效地生产许多生物药品和工业

---

① De Coninck J, Bouquelet S, Dumortier V, et al. Industrial media and fermentation processes for improved growth and protease production by *Tetrahymena thermophila* BIII [J]. Journal of Industrial Microbiology and Biotechnology, 2000, 24 (4): 285-290.

② Jeong Y S, So K K, Lee J H, et al. Optimization of growth medium and fermentation conditions for the production of laccase3 from *Cryphonectria parasitica* using recombinant *Saccharomyces cerevisiae* [J]. Mycobiology, 2019, 47 (4): 512-520.

③ Lu Y, Fang C, Wang Q, et al. High-level expression of improved thermo-stable alkaline xylanase variant in *Pichia Pastoris* through codon optimization, multiple gene insertion and high-density fermentation [J]. Scientific Reports, 2016, 6 (1): 1-9.

酶，其平均生产率更高，生物量更大。Li 等①研究发现，高细胞密度发酵和细胞回收大大缩短了 *Zymomonas mobilis* 8b 的发酵时间，可使乙醇的生产率提高 2~3 倍。基于此，为了实现高乙醇产量，采用高细胞密度发酵培养酿酒酵母获得高接种量，与常规同时糖化和发酵（Saccharification and Fermentation，SSF）相比，HCDC-SSF 使乙醇产率从 65.41% 提升至 89.70%；将 SSF 的处理时间从 72 小时缩短到 36 小时，降低了成本，缩短了整个工艺时间，并提高了生产效率。

据大量研究报道，高细胞密度发酵与许多因素有关，诸如生长所需的营养物质、发酵温度和 pH 值等②。其中，对于温度的影响，有些微生物适合较高温度生长，有些则适合较低温度。有研究表明，低温发酵能促进分泌产物的积累，同时还能够减少菌体的死亡。对于溶氧量的问题，在实验中通常通过增加通气量、氧气浓度和搅拌速度等来满足菌体对氧的需求。De Coninck 等③在发酵罐中培养 *Tetrahymena thermophila* BⅢ，结果表明，与普通摇瓶发酵相比，高细胞密度发酵罐培养可使 *Tetrahymena thermophila* BⅢ的生物量增加 70%，这是因为通气和搅动改善了培养基中的氧气传输条件。需要注意的是，我们不可一味地追求高溶氧量，虽然高搅拌速度和高氧气流速可以被用来补偿氧气的需求，但会导致过多的泡沫生成，对工艺非常有害。因为泡沫很容易堵塞废气过滤器，从而阻碍空气的排出，有使生物反应器溢出的风险。有研究报道，可使用消泡剂进行消泡。Ruiz 等④在实验研究中便通过添加消泡剂溶液聚丙二醇 P2000 来控制发泡。

四、菌剂产品质量的影响因素

微生物菌剂是活菌制剂，有液态和固态两种类型，但工业生产中一般以固态型菌剂为主。相对于液态型菌剂，固态型菌剂保存期更长，生产过程中不容易染杂菌，并且能够长时间保存，利于运输，但制备工艺复杂很多，制作过程中常受到生长培养基、发酵条件、干燥方式、保护剂和载体种类等多种因素的影响。这些因素对菌剂产品的保存期和有效菌数等具有重要影响。另外，微生物固态型菌剂的制备流程是将发酵液进行菌体收集，然后按一定比例添加载体混合，最后进行干燥。

---

① Li Y，Zhai R，Jiang X，et al. Boosting ethanol productivity of *Zymomonas mobilis* 8b in enzymatic hydrolysate of dilute acid and ammonia pretreated corn stover through medium optimization，high cell density fermentation and cell recycling［J］. Frontiers in Microbiology，2019，10：2316.

② 陈羽．枯草芽孢杆菌高密度培养及保护剂的优化研究［D］．哈尔滨：东北农业大学，2011.

③ De Coninck J，Bouquelet S，Dumortier V，et al. Industrial media and fermentation processes for improved growth and protease production by *Tetrahymena thermophila* BⅢ［J］. Journal of Industrial Microbiology and Biotechnology，2000，24（4）：285-290.

④ Ruiz C，Kenny S T，Narancic T，et al. Conversion of waste cooking oil into medium chain polyhydroxyalkanoates in a high cell density fermentation［J］. Journal of Biotechnology，2019，306：9-15.

（一）生长培养基

发酵培养基为微生物生长代谢时提供所需的营养物质和能量。在微生物发酵中由于菌种和发酵条件的差异以及发酵阶段的不同，所需的培养基成分也有所差异。在通常情况下，碳源、氮源、无机盐以及微量元素是微生物生长的四大营养要素。徐升运等①通过单因素试验和正交试验确定了枯草芽孢杆菌 M6 的发酵培养基为玉米淀粉 10 g/L、大豆蛋白粉 8 g/L、NaCl 5 g/L、$K_2HPO_4$0.6 g/L，活菌数（85×10^8 cfu/mL）提高了 12.7%。

（二）发酵条件

微生物发酵生产的水平除了要具有最基本的菌种生产性能和适合的培养基以外，还需要调控温度、pH 值、溶解氧、接种量以及转速等环境条件以保持最佳，这样才能使其生产能力充分表现出来。柳慧丽等②通过研究确定了枯草芽孢杆菌 KC-5 最佳发酵条件为温度 30℃，初始 pH 值 7.0，接种量 2%，摇床转速 200 r/min，菌体数量达到 47×10^8 cfu/mL，又对其进行了发酵罐扩大培养，得到最大芽孢数为 30.3×10^8 cfu/mL，为微生物菌剂的开发奠定了基础。陈哲等③采用摇瓶单因素的方法对解淀粉芽孢杆菌 CM3 进行发酵条件优化，最佳发酵条件为 pH 值 7.0，接种量 5%，培养时间 48 小时，培养温度 31℃；在优化后，拮抗细菌 CM3 的发酵液抑菌圈直径可达到 37.58 毫米，比优化前提高了 22.7%。

（三）干燥方式

微生物菌剂的干燥方式多种多样，主要有喷雾干燥、冷冻干燥、流化床干燥及微波真空干燥等。其中，喷雾干燥效果受温度影响较大，温度设置过高，会导致微生物受热死亡；温度设置过低，设备利用率会大打折扣，导致出现潮粉，从而使干粉活菌含量偏低④。在菌剂喷雾干燥过程中，高温和干式脱水会降低细菌的生存能力：高温会破坏核酸、某些大分子和蛋白质结构，破坏单体单元之间的连接并最终导致单体单元的损坏；干式脱水会改变细胞质膜的流动性和物理状态，导致还原代谢活性的变化，且水分的流失会导致微生物的存活数量显著减少。但与冷冻干燥相比，喷雾干燥所需的时间少、能耗低，更适合工业生产。冷冻干燥和微波真空干燥的应用效果好，可以很好地保留菌剂活性，机械化程度高，但操作复杂，设备相对较贵。冷冻干燥一般分三个阶段进行：冷冻（凝固）、初次干燥（冰晶升华）和二次干燥（水分解吸）。在冷冻干燥过程中，大量研究报道了冷冻对细

---

① 徐升运，赵文娟，马齐，等．设施蔬菜生防用枯草芽孢杆菌 M6 发酵条件的优化研究［J］．中国酿造，2012，31（7）：69-72.

② 柳慧丽，李园园，鞠瑞成，等．拮抗枯草芽孢杆菌 KC-5 的分离鉴定及其发酵优化［J］．中国生物工程杂志，2014，34（3）：96-102.

③ 陈哲，梁宏，黄静，等．解淀粉芽孢杆菌 CM3 培养基及发酵条件优化［J］．山西农业科学，2016，44（11）：1577-1583.

④ 汤世雄．嗜酸小球菌液体生料发酵及菌剂干燥工艺的研究［D］．长沙：湖南农业大学，2016.

胞活力的影响。细胞活力决定冰晶的形成，是冰晶升华和解吸的关键因素。另外，冷却速率是影响冷冻干燥过程中细胞活力的因素之一，它决定着形态、冰晶尺寸、表面积、升华和解吸条件以及冷冻干燥产品的数量等①。与慢速冷却相比，快速冷却可提高微生物的存活率，促进细胞内微冰晶的形成，减少细胞膜损伤。此外，储存温度也是影响微生物生存能力的关键因素，在低储存温度下微生物具有高存活率。将冷冻干燥的粉末保存在4℃下时，细胞活力损失的比例较低。

（四）保护剂

细胞和组织在细菌干燥过程中会受到不同程度的损伤，严重的可能会导致细胞坏死。同时，不利的环境条件（如酸、热、压力和氧气）也将导致细菌的活力显著降低，限制微生物的使用。大量研究结果表明，保护剂在保护微生物免受不利条件的影响以及干燥后长时间保存方面起着至关重要的作用。加入保护剂能有效缓解细胞损伤，降低逆境对细胞和组织的伤害，提高细胞存活率，延长保存时间。其实保护剂的作用机制与其化学结构密切相关。由于多数保护剂都具有羟基，可与菌表面自由基联结起来，有较强的亲水特性和氢键形成能力，细胞膜中的磷脂分子极性端可与水分子通过氢键作用相连。因此，可利用它们的氢键和亲水基形成一个比较稳定的水分子层结构，使细胞膜内的水分在冷存状态时不易结冰，干燥状态时又不易向外移动，从而保护细胞的结构②。

对于绝大多数细菌来说，保护剂是通过改变菌剂样品在干燥过程中的物理和化学环境来延长菌剂的保存时间的。常见的保护剂有无机盐类（海藻酸钠、磷酸氢二钾和乙酸钠等）、糖类（环糊精、葡萄糖、海藻糖、乳糖和麦芽糖等）、多元醇类（乙二醇、甘露醇等）、氨基酸类（色氨酸、谷氨酸钠、甘氨酸和丙氨酸等）、蛋白质及多肽类（乳清蛋白、酪蛋白等），还有混合物（脱脂乳粉等）等。其中，糖类保护剂可以降低乳酸菌的死亡率。Sun 等③在研究中使用海藻糖、乳清浓缩蛋白（Whey Protein Concentrate，WPC）、支链淀粉和谷氨酸钠作为混合保护剂，并优化了它们之间的组成比例和喷雾干燥参数，以提高干燥后植物乳杆菌的存活率，实现了对植物乳杆菌的最佳保护效果。其中，海藻糖由于其稳定的功效和优异的加工性能，可以在干燥过程中用作稳定蛋白质结构的赋形剂，并且海藻糖可以通过提高对不利环境条件的适应性来提高其存活率，是一种出色的喷雾干燥保护剂。蛋白类保护剂则能防止低分子物质的碳化和氧化，保护活性物质不受加热的影响，

---

① Chang B S，Kendrick B S，Carpenter J F. Surface - induced denaturation of proteins during freezing and its inhibition by surfactants［J］. Journal of Pharmaceutical Sciences，1996，85（12）：1325-1330.

② 陈羽．枯草芽孢杆菌高密度培养及保护剂的优化研究［D］．哈尔滨：东北农业大学，2011.

③ Sun H，Hua X，Zhang M，et al. Whey protein concentrate，pullulan，and trehalose as thermal protective agents for increasing viability of Lactobacillus plantarum starter by spray drying［J］. Food Science of Animal Resources，2020，40（1）：118.

而且也可使内部形成多孔、疏松的海绵状物，增加溶解度。许多研究表明，乳清蛋白和其他化合物的协同作用可以更好地保护在喷雾干燥过程中植物乳杆菌的生存能力。脱脂乳作为保护剂之一，经常用于菌种的冷冻保藏。例如，脱脂乳粉主要在细胞表面起保护层作用，用量为10%~15%效果最好，它可固定冻干酶类，防止膜损坏引起胞内物质泄漏。而且通过正交试验与其他类保护剂形成最适浓度配比，在不同菌种中发挥了很好的保护作用。脱脂乳粉在冷冻干燥和储存过程中能有效保持细菌的活力。Cao 等①研究表明脱脂乳粉中含有酪蛋白和乳糖，具有优异的乳化特性和抗冻功能，能够有效保护酵母的活性并提高存活率。通过 SEM（Scanning Electron Microscope）照片可以看出，特定浓度的脱脂乳粉与甘油、蔗糖和麦芽糖糊精结合可以为游离细胞提供出色的保护并增强其表面结构。

综上所述，为降低恶劣条件对菌剂贮存造成危害，提高菌体的存活率，达到保护效果，保护剂的适当选择是必要的。因为它能保护菌剂在制备过程中避免其他因素的影响或者机械的损伤，维持较高的存活率和活性，使微生物处于静止或者半静止状态，延长生命和活性期。

（五）载体

生产高质量的菌剂产品一直是众多科研及工农业相关人员的目标，而高质量的菌剂产品与载体的选择息息相关。这是因为载体能够为微生物生长提供一个较为稳定的环境，使之免受外界不良因素的影响。常见的微生物载体材料有草炭、海藻酸钠、腐殖酸、植物种子壳、麸皮、蔗渣及一些生物有机材料等。由于载体自身的差异及不同菌剂之间的特点，不同的载体对菌剂的吸附能力及有效菌的释放率不同，且使用效果也存在差异，因此筛选匹配不同菌剂的载体材料至关重要。研究发现理想的载体应含有大量的微孔，吸附能力强，比表面积大，有良好的保水能力，同时还应无毒，利于菌剂生存和功能发挥。王婧等②研究发现，在载体的选择中，无论是吸附能力还是保存时间，滑石粉对 JD37 菌体的效果显著优于硅藻土，且前者的活菌释放率相比后者高 2.74 倍。王玉丽③研究指出，相比次面粉、玉米粉、活性炭和硅藻土，麸皮作为载体对枯草芽孢杆菌 DK36 的效果最好，不仅能有效保证菌剂的活菌数，还能为菌剂的生长繁殖提供营养。

---

① Cao L, Xu Q, Xing Y, et al. Effect of skimmed milk powder concentrations on the biological characteristics of microencapsulated Saccharomyces cerevisiae by vacuum-spray-freeze-drying [J]. Drying Technology, 2020, 38 (4): 476-494.

② 王婧，方蕊，蒋秋悦，等．载体和保护剂对桔黄假单胞菌 JD37 微生物肥料活性的影响［J］．上海师范大学学报（自然科学版），2012，41（2）：179-185.

③ 王玉丽．腐熟用枯草芽孢杆菌菌剂的研制［D］．石家庄：河北科技大学，2015.

第二节　液态复合微生物菌剂的制备技术

液态复合微生物菌剂通常是将发酵过后的微生物菌悬液或浓缩液和其他成分如营养物质、微量元素等混合复配而成。对液态复合微生物菌剂的制备技术研究具体如下。

一、液态复合微生物菌剂的制备

目前，针对微生物菌剂所包含菌株类别的研究主要有两个方向①：一是从环境样品中筛选出具有特定功能的土著微生物菌株制备成为菌剂进行目标污染物的去除；二是通过现代分子生物学技术在传统微生物菌株的基础上进行基因改造，从而获得高降解效率的一类菌株即工程菌。相较于土著微生物，工程菌的处理更具针对性及高效性，但是工程菌的应用还需要考虑对实际环境的适应性、传代是否稳定、是否容易发生突变，以及是否会对环境造成生态安全等问题，所以工程菌的实际应用还有待研究。

由于微生物菌剂是活菌制剂，存在微生物死亡快不容易保藏的问题，而污染净化效果直接与菌剂中的有效活菌数及其活性密切相关，因此如何克服其保藏问题成为微生物菌剂制备的重点、难点②。为了解决液态微生物菌剂保藏困难的问题，许多学者做出了相关研究：李延锋等③针对芽孢杆菌的液态微生物菌剂研发了保存方法，通过添加 0.8%的 NaCl、5%~50%的甘油，再利用 $C_2H_5NO_2$ 和 NaOH 调节 pH 值为 10.0，置于常温、背光处保存，能够有效地保证芽孢杆菌的液态微生物菌剂活菌数维持在较高水平。汤保贵等④研发了液体微生物制剂的保护方法，通过添加质量分数为 0.60%~0.95%的海藻酸钠、pH 值为 8.0 的缓冲液来延长菌剂的保藏时间，利用此方法可以将由沼泽红假单胞菌组成的液态微生物菌剂在常温下保存 6 个月左右的时间，仍有一定的微生物存活。

二、液态复合微生物菌剂制备的影响因素

液态复合微生物菌剂制备最重要的挑战之一是其活性成分的增溶和保存，因而菌剂中须含有添加剂以改善保质期和疏水成分的溶解性。液态菌剂制备用添加剂包括稳定剂（盐、苯甲酸酯、山梨酸酯、磷酸盐等）、增稠剂、乳化剂、抗氧化剂，以及酸碱（用于

---

① 李静舒，张恒慧，贺东亮．高活菌数微生态制剂的制备及其抑菌活性研究［J］．饲料研究，2020（1）：5.

② 李铉军，崔胜云．抗坏血酸清除 DPPH 自由基的作用机理［J］．食品科学，2011（1）：93-97.

③ 李延锋，刘广鑫，林蠡，等．一种芽孢杆菌稀释液及其液态制剂和液态制剂的保存方法：105695374A［P］．2016-04-21.

④ 汤保贵，徐中文，张金燕，等．一种沼泽红假单胞菌液体制剂的保护剂及其应用：CN108728362A［P］．2018-11-20.

调节 pH 值）等。

增稠剂大多数属于亲水性高分子化合物，目前所使用的大部分是天然多糖及其衍生物，如淀粉、琼脂、明胶、海藻脂及阿拉伯树胶等，它可以提高物系黏度，使物系保持均匀稳定的悬浮状态或乳浊状态①。John 等②研究了阿拉伯树胶、结冷胶、印度胶、刺槐豆胶和黄原胶等不同聚合物天然树胶添加对乳制剂稳定性的影响，结果发现黄原胶的稳定性更好，这可能是乳液中胶质的胶凝性质使其具有更高的浊度和黏度。在 4℃下储存 2 周后，活菌数为 1.2×10^{10} cfu/mL，与对照相比，所有添加剂胶均能增加细胞存活率。

乳化剂在均匀悬浮和乳液稳定性的形成中起重要作用。有研究发现，Triton X-100 是最好的乳化剂，经显微镜观察微球的尺寸小且均匀，但在储存期间它对细胞显示出更高的致死效应；吐温-80 和吐温-60 对微生物的存活显示出积极效果，但是在储存时稳定性降低。而曾红等③发现乳化剂中吐温-20 和吐温-80 对液体菌剂的分散性一样，都可以使菌体均匀分布在种子液中；但是吐温-80 和吐温-20 对活菌数的影响很不一样，添加吐温-20 的种子液中活菌数明显比添加吐温-80 的多，故以吐温-20 作乳化剂，添加量比例为1%。

抗氧化剂是能够有效阻止或延缓酯类化合物发生氧化变质，提高菌剂稳定性和延长贮藏期的添加剂。目前常采用的抗氧化剂包括人工合成抗氧化剂（丁基羟基茴香醚 BHA、二丁基羟基甲苯 BHT 和特丁基对苯二酚等 TBHQ）和天然抗氧化剂（茶多酚、生育酚和抗坏血酸钠等）两大类。潘寒姁等④研究认为维生素 C 作为抗氧化剂，能有效地抑制酶促褐变，保证苹果鲜美。天然抗氧化剂具有安全高效、无毒副作用和较强的抗氧化能力等特点，不仅能够延长产品贮藏期，而且还能够有效抑制或减缓辐照产生的自由基氧化。

三、液态微生物菌剂制备存在的问题

液态微生物菌剂相较于其他种类菌剂有着制备简单、投加方便、见效快等优势，但现有的液态微生物菌剂也存在一定问题，主要包括以下几个方面⑤。

第一，现有的研究多是从单一方面考察影响因素对微生物菌剂保藏效果的影响，缺乏

① Young C C，Rekha P D，Lai W A，et al. Encapsulation of plant growth - promoting bacteria in alginate beads enriched with humic acid［J］. Biotechnology and Bioengineering，2006，95（1）：76-83.

② John R P，Tyagi R D，Brar S K，et al. Development of emulsion from rhizobial fermented starch industry wastewater for application as Medicago sativa seed coat［J］. Engineering in Life Sciences，2010，10（3）：248-256.

③ 曾红，万传星，罗晓霞，等．一种棉花黄萎病防治菌剂及其制备方法［P］．中国发明专利，2016-09-28.

④ 潘寒姁，谢芳，王姣，等．碳酸氢钠与抗坏血酸复合处理对鲜切苹果褐变和品质的影响［J］．中国农业大学学报，2015，20（2）：114-123.

⑤ 李慧，王平，肖明．硅藻土和滑石粉作为荧光假单胞菌 P13 菌剂的载体研究［J］．中国生物防治，2019，25（3）：239-244.

多种因素共同影响微生物菌剂制备方面的研究。同时，多数研究为针对单一菌种所做出的优化研究，但组成微生物菌剂的微生物种类复杂多变，不同的微生物的最佳保藏条件不同，在一定程度上也影响了制备技术的研究。

第二，应用成本的问题。由于液态微生物菌剂在研发过程缺少对于制备成本的控制，虽有较为良好的制备技术，但由于其制备成本过高，最终只能停留在实验室阶段而无法正式投入工业生产。

第三，由于实际环境的复杂多变性，液态微生物菌剂的投加虽然能在一定程度上改善原有环境中的优势微生物群体，但对于在实际投加过程中液态微生物菌剂中所包含的菌株（属于外源菌株），其是否能适应投加环境体系还未可知。事实上，环境状况一旦发生改变，会致使微生物死亡或有新的微生物产生，从而导致环境体系内的微生物优势群体发生改变，这在一定程度上会影响液态微生物菌剂的实际应用效果。

第三节　固态复合微生物菌剂的制备技术

液态菌种要采用特殊的方式保藏，随着菌种保藏时间的延长，菌种易受污染、退化，并且发酵前需要经过活化和扩大培养；与液态菌种相比，固态菌剂保藏费用低，可以直接投入发酵，发酵前不需要扩大培养，在运输和贮藏、质量控制等方面有其独特的优势。下面主要对固态复合微生物菌剂的制备及保存技术进行简述。

一、固态微生物菌剂的特点及制备工艺流程

由于微生物在保藏过程中易变异和退化，因此，在发酵工业中，获得具有良好性状的生产菌种十分困难。同时因为发酵时菌种还需经过复壮、扩大培养后才能用于发酵，所以在生产中获得既保持生物活性又具有较长贮藏期的固体菌粉是非常必要的。如与常见的酵母菌泥和鲜酵母相比，活性干酵母具有生存能力高、贮藏期长、微生物污染小和便于贮藏、运输等优点。

固态复合微生物菌剂制备的一般工艺流程如图 2-1 所示。

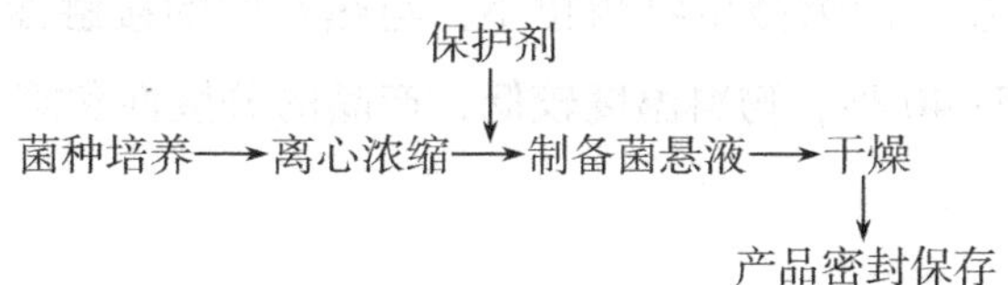

图 2-1　固态复合微生物菌剂制备工艺流程

二、固态复合微生物菌剂的干燥技术

菌体干燥是制备固态复合微生物菌剂的主要环节，菌体存活率及活性是确定菌体最佳

干燥工艺的指标。目前常用的干燥技术有真空冷冻干燥、喷雾干燥、喷雾冷冻干燥、流化床干燥以及微波真空干燥等。

（一）真空冷冻干燥

真空冷冻干燥是目前多数微生物干燥的主要方法。干燥步骤是将预先冷冻的菌悬液抽真空，细胞内外的游离水便会在冻结状态下直接升华为气体从而将物料中的水分除去，达到冷冻干燥的目的。由于干燥过程是在低温和真空条件下进行的，微生物通常会失去活力，细胞的一切生理活动也会随之停止，因此细胞能被长期保存。该方法特别适用于热敏性、对氧敏感的微生物的干燥。真空冷冻干燥具有适用范围广、菌体保质期长和成活率高、在保藏期不易被其他杂菌污染、便于携带运输和易实现商品化生产等优点。但冷冻干燥的效果受预冻温度、冷冻速度和真空度等因素的影响。

刘变芳等①研究冷冻干燥制备抑菌型纳豆菌的固态菌剂，结果表明固态制剂中活菌数为 1.05×10^9 cfu/g，益生菌的存活率为 72.7%。Yang 等②研究冷冻干燥速度、保护剂和细胞初始浓度对预防疫苗的弧菌属鳗弧菌的影响，结果表明−80℃快速冷冻比−20℃慢速冷冻的细胞存活率高，并且在最佳工艺条件下，细胞存活率为 51.4%。Zhao 等③研究冻结温度、细胞洗涤和悬浮介质的 pH 值等因素对酒类酒球菌存活率的影响，结果表明当冻结温度从−20℃下降至−60℃时，细胞存活率增长 21.6%；然而，当在液氮−196℃下冻结时，细胞存活率显著下降。

虽然真空冷冻干燥是目前干燥微生物最常用方法之一，但它也存在很多的问题。由于不同的微生物对冷冻干燥的耐受性不同，如革兰氏阳性菌比革兰氏阴性菌对冷冻干燥耐受性高，孢子比营养细胞的耐受性高，营养要求苛刻的微生物的耐受性最低，因而有些微生物在真空冷冻干燥后成活率较低，需要经过大量的实验才能得到最佳真空冷冻干燥条件。另外，真空冷冻干燥微生物耗时较长，一般为 6~18 小时，且费用较高。

（二）喷雾干燥

喷雾干燥法是以单一工序将溶液、乳液、悬浮液加工成干燥制品的一种干燥方法。干燥微生物时，直接将制备好的菌悬液经过雾化装置喷雾成雾状，然后在干燥室内与高温空气直接接触进行传热传质。因为微生物颗粒小，与热空气的接触面加大，其干燥速率大，干燥时间短，通常为 15~40 秒，物料温度较低，产品的分散性和溶解性较好，生产过程简

---

① 刘变芳，石磊，乔冬玲，等．抑菌型纳豆菌株的分离筛选及其微生态菌剂的制备［J］．食品工业科技，2011（12）：210-213.

② Yang L，Ma Y，Zhang Y. Freeze-drying of live attenuated *Vibrio anguillarum* mutant for vaccine preparation［J］. Biologicals，2007，35（4）：265-269.

③ Zhao G，Zhang G. Influence of freeze-drying conditions on survival of *Oenococcus oeni* for malolactic fermentation［J］. Int J Food Microbiol，2009，135（1）：64-67.

单，适于连续化生产①。

付博等②研究了乳酸双歧杆菌喷雾干燥工艺，通过壁材选择及相关工艺参数的正交分析，确定最佳工艺参数为进风温度（108±2）℃，塔壁温度（50±3）℃，排风温度（61±3）℃及雾化器转速 17 000 r/min，此工艺条件下菌粉的活菌数为 3.4×10^9，存活率为 72.12%。周俐等③研究了喷雾干燥法制备活性木霉孢子粉，以木霉孢子萌发率和干燥效果作为检测指标，通过单因子实验和正交实验，获得了喷雾干燥法制备高活性木霉孢子粉的最佳工艺为 β-环糊精 5%，进风温度 110℃，进料量 10%。Jin 等④研究了在高温下喷雾干燥哈茨木霉的分生孢子，实验结果表明干燥过程中用不同浓度的保护剂（蔗糖、糖浆、甘油）均可增加孢子的存活率，其中，添加 2%的蔗糖溶液时孢子的存活率最高，而且制得干的分生孢子为 7.5×10^{10} cfu/g；喷雾干燥最佳的进出温度分别是 60℃、30℃，制得孢子粉颗粒大小为 10~25 μm，孢子含量高达 99%。Luna-Solano 等⑤综合喷雾干燥微生物方面的研究报道，模拟进出口温度、酵母菌泥水分含量、干空气消耗量、产品生产量、菌体的存活率，以及消耗的费用之间的关系，并且根据模拟方程式找出喷雾干燥酵母菌的最佳工艺条件，预测在最佳条件下每小时生产 10 kg 干酵母粉（酵母菌的生存能力为 1.00×10^6 cfu/g）。

综上所述，喷雾干燥主要适用于黏度较大而不易过滤的微生物如酵母的干燥，不适于热敏性物质的干燥，适用范围比较窄。

（三）喷雾冷冻干燥

喷雾式冷冻干燥机是发展于 21 世纪的一项革命性技术，其综合了喷雾干燥和冷冻干燥的优点，又有效避免了两者的缺点。相对于冷冻干燥机，喷雾式冷冻干燥机能耗更低，符合低碳要求，干燥出的样品呈颗粒状，流动性非常好，不需要再重新粉碎；相对于喷雾干燥机，喷雾式冷冻干燥机对营养成分的破坏更少，且不改变生物活性，应用面更广。喷雾冷冻干燥（Spray Freeze Drying，SFD）适用于热敏性、黏稠性的微生物的干燥。

Semyonov 等⑥研究喷雾冷冻干燥生产干酪乳杆菌微胶囊，主要研究 SFD 对益生菌存活率的影响。与传统的冷冻干燥（BFD）相比，SFD 方法生产的微胶囊中益生菌细胞存活率

---

① 程艳薇，刘春梅，谭书明，等．嗜酸乳杆菌菌粉的加工技术研究［J］．食品科技，2010，35（9）：46-50.

② 付博，马齐，王卫卫．乳酸双歧杆菌喷雾干燥工艺研究［J］．中国乳品工业，2011，39（5）：10-13.

③ 周俐，欧阳主才，高永峰，等．喷雾干燥法制备活性木霉孢子粉［J］．农药，2010（5）：341-343.

④ Jin X，Custis D. Microencapsulating aerial conidia of *Trichoderma harzianum* through spray drying at elevated temperatures［J］. Biological Control，2011，56（2）：202-208.

⑤ Luna-Solano G，Salgado-Cervantes M A，Rodríguez-Jimenes G C，et al. Optimization of brewer's yeast spray drying process［J］. Journal of Food Engineering，2005，68（1）：9-18.

⑥ Semyonov D，Ramon O，Kaplun Z，et al. Microencapsulation of *Lactobacillus paracasei* by spray freeze drying［J］. Food Research International，2010，43（1）：193-202.

大于 60%，而且喷涂阶段并不影响细胞存活率。Her 等①研究了制备康霉素粉的最佳喷雾冷冻干燥工艺，以制品康霉素的物理和抗菌性能为指标，确定最佳干燥工艺条件为退火温度-15℃，退火时间 5 小时，康霉素浓度 10%，压力 100 kPa，喷嘴高度 1 毫米。

（四）流化床干燥

流化床干燥器又称沸腾床干燥器。流化床干燥是粉状或颗粒物料呈沸腾状态时被通入的气流干燥。当采用热空气作为流化介质干燥湿物料时，热空气起流化介质和干燥介质双重作用，被干燥的物料在气流中被吹起、翻滚、相互混合和摩擦碰撞，通过传热传质达到干燥的目的。流化床干燥之所以得到广泛的发展，主要是因为其有以下几个优点：由于物料和干燥介质接触面积大，同时物料在床内不断地进行激烈搅动，所以传热效果良好，热容量系数大，可达 2.3~7.0 kW/（m^2·k）（1 k=272.15℃）；由于流化床内温度分布均匀，避免了产品局部过热，因此特别适用于某些热敏性的微生物干燥；在同一设备内可以进行连续操作，也可进行间歇操作；物料在干燥器内的停留时间，可以按需进行调整，所以产品含水率稳定；干燥装置本身不包括机械运动部件，因而设备的投资费用低廉，维修工作量较小②。

Akbari 等③研究了工业化连续流化床干燥面包酵母的干燥工艺，指出流化速度和干燥的各个阶段的操作温度是影响面包酵母活性和存活率最重要的因素，以酵母菌发酵面包每小时产生 CO_2 的量为指标，流化速度为 350 kg/h，干燥的各个阶段温度分别为 33℃、31℃和 29℃时，CO_2 产量为（660±10）cm^3/h，细胞存活率达到（76.4±0.6）%。许学勤等④研究了纤维素酶活性麦秤霉菌固体发酵物的流化床干燥实验，对含水分 50%~60%（湿基）的纤维素酶（β-葡聚糖内切酶）活性麦秤霉菌固体发酵物湿坯，经过分散化预处理后，在不同的空气流速下进行的流化床干燥实验进行了研究。在干燥温度为 70℃、空气流速为 3 m/s 的条件下，将含水分 55%的物料干燥至确定的终点 8%，可以保留 90%左右的酶活率。

但流化床干燥发展也有一定的限制因素：对干燥物料的颗粒度有一定要求，一般要求不小于 30 μm、不大于 4 mm 为合适；当几种物料混在一起干燥时，各种物料重度应当接近；流化床干燥器内的物料返混比较激烈，物料停留时间不均匀，未经干燥的物料有可能

① Her J Y, Song C S, Lee S J, et al. Preparation of kanamycin powder by an optimized spray freeze-drying method [J]. Powder Technology, 2010, 199 (2): 159-164.

② 殷涌光，于庆宇，罗陈，等．食品机械与设备［M］．北京：化学工业出版社，2006.

③ Akbari H, Karimi K, Lundin M, et al. Optimization of baker's yeast drying in industrial continuous fluidized bed dryer [J]. Food and Bioproducts Processing, 2012, 90 (1): 52-57.

④ 许学勤，高福成．纤维素酶活性麦秤霉菌固体发酵物的流化床干燥实验［J］．无锡轻工业学院学报，1994, 13 (2): 112-118.

随产品一起排出床层。

（五）微波真空干燥

微波干燥的原理是通过微波辐射到待干燥物料上，当微波射入物料内部时，穿透波使水等极性分子随着微波频率做同步高速旋转，使物料瞬时产生摩擦热，导致物料表面和内部同时升温，使大量的水分子从物料溢出，从而达到干燥物料的目标。微波真空干燥技术把真空干燥与微波干燥的优点有机结合，在真空条件下利用微波能进行物料的干燥加工，真空环境保证了物料能在低温条件下进行干燥，微波干燥物料又具有瞬时高效性，可以实现物料的快速低温干燥。与其他的干燥设备相比，微波真空干燥具有生产速度快、效率高、成本低、设备占地面积小和投资回收期短等优点①。

刘小莉等②研究了微波真空干燥制备蛹虫草发酵菌丝体，以蛹虫草发酵菌丝体的水分去除率为指标，通过正交实验得到最佳工艺条件为物料质量与底盘面积比 0.5，微波时间 7 min，微波功率 1 200 W，真空度 0.08 MPa。菌丝体原料中水分去除率达 89.27%。Kim 等③研究了微波真空干燥对酸乳酪中乳酸菌存活率的影响，研究用方程预测乳酸菌的存活率与实验测得乳酸菌存活率，通过实验得出在 35~45℃时，乳酸菌的 D 值与水分活度和温度呈线性关系（负），在 50~60℃时，D 值与水分活度和温度不呈线性关系。

近年来，由于固态菌剂在运输和贮藏、质量控制等方面有其独特的优势，易于实现大型化、自动化、连续化的生产，固态微生物的生产越来越受到人们的重视。

---

① 韩清华，李树君，马季威，等．连续式微波真空干燥设备的研究［J］．农业机械学报，2006，37（8）：136-139.

② 刘小莉，周剑忠，黄开红．微波真空干燥制备蛹虫草发酵菌丝体的研究［J］．江苏农业科学，2010（1）：263-264.

③ Kim S S，Shin S G，Chang K S，et al. Survival of lactic acid bacteria during microwave vacuum-drying of plain yoghurt［J］．LWT-Food Science and Technology，1997，30（6）：573-577.

第三章　微生物菌剂在无污染畜禽养殖业中的应用

第一节　我国畜禽养殖业发展概况

一、我国畜禽养殖业的发展

近年来，人们生活水平提高，对食物的要求也有所提高，促使以植物源食品为主的时代逐渐被以植物源和动物源食品结合，甚至以动物源食品为主的时代所取代。这就导致传统零散户畜禽养殖量难以满足人们对肉类食品的需求，畜禽养殖业开始迅猛发展。杨飞等[①]利用年平均增长率法，揭示了近30年中国畜禽养殖量时序变化规律，认为畜禽养殖发展基本分为3个阶段：1980年至1995年的稳步发展，1996年至2006年的全面发展，以及2007年至今的现代化发展。2009年，我国蛋禽、肉禽饲养规模分别达30.23亿只、579.09亿只。根据历年《中国统计摘要》，我国2012年肉猪、牛出栏数分别同比增长5.22%，1.93%。2014年，我国大牲畜总量达到12 022.9万头。[②] 2019年，我国牛肉产量为667万吨，比2018年增长了3.6%；2010—2019年，羊肉产量呈现持续上涨趋势，2019年羊肉产量为488万吨，比2010年增长了22.3%。另外，猪肉产量在肉类中一直居于高位，虽然受2018年猪瘟疫情的影响，我国猪肉产量有明显的下降，但到2019年，生猪出栏量显著增加；禽肉和禽蛋产量也呈现出持续上涨的趋势，2019年分别为2 239万吨和3 309万吨，相比2018年分别增长了12.3%和5.8%；牛奶产量于2017年降低至3 096万吨，2018—2019年回升缓慢[③]。2020年，我国肉、蛋、奶产量分别为7 748万吨、3 468万吨和3 530万吨，肉、蛋产量继续保持世界首位，奶类产量位居世界第四位；2020年全国畜牧业总产值破4万亿元，达40 266.67亿元，同比增幅21.78%，占农业总产值的比重达29.2%[④]。

---

① 杨飞，世琦，诸云强，等．中国近30年畜禽养殖量及其耕地氮污染负荷分析［J］．农业工程学报，2013，29（5）：1-11.

② 数据来源：国家统计局．

③ 王蕾，李文科．高质量发展背景下我国畜牧业提质增效制约因素分析及对策探讨［J］．黑龙江畜牧兽医，2021（22）：1-5+25+145-146.

④ 秦保亮，杜海燕，李春艳，等．多举措推动畜牧业高质量发展［J］．中国畜牧业，2022（11）：26-27.

二、畜禽粪便的产生和危害

（一）畜禽粪便的产生

资料显示，全国畜禽排放量1988年为18.84亿吨，1995年约为27亿吨，1998年已达到35亿吨，1999年为19亿吨①。2015年，我国畜禽粪水排放量超过100亿吨。黄美玲等②估算出湖北省2011年畜禽养殖业畜禽粪便总量为8 479.8万吨。需要注意，不同年份统计资料结果差异较大，可能是所计畜禽种类不同，又或是存在湿重和干重的不同计算方式，但畜禽粪便产生的环境污染问题越来越严重是毋庸置疑的。

大量畜禽粪便的产生，使养殖业污染成为重要的污染源之一。2017年，畜禽养殖业COD排放量为1 000.53万吨，总氮为59.63万吨，总磷为11.97万吨，COD排放量、氨氮排放量已然成为我国农业面源污染源的首要来源③。

（二）畜禽粪便的危害

目前，我国绝大部分集约化养殖场未采取必要的养殖污染治理举措，大部分废弃物均采用弃置或直接冲入水体等方式直接向环境中排放。随着社会需求的不断增加，日渐增加的畜禽粪便污染已经给发展中国家带来了一系列的环境、社会及经济问题。畜禽粪便的污染主要包括氮磷污染、矿物质元素污染、药物添加剂污染、恶臭污染及生物病原污染，这些污染主要体现在土壤、水体、大气及生物污染四个方面。

1. 对土壤的影响

在农田中长期施用未经处理的畜禽粪便，其中的铜、锌等重金属沉积于土壤之中，造成土壤重金属超标，并且这些重金属还会被植物富集，影响人畜健康。同时，处理不当的畜禽粪便中还含有大量的有害微生物，会在土壤中繁殖，加大传染可能性。大量高浓度畜禽粪便的施用，不仅会危害作物生长，还会堵塞土壤孔隙，导致土壤的通透性下降引起板结。

2. 对水体的影响

畜禽粪便中含有大量的营养成分，如氮、磷等。而氮、磷是致使水体富营养化的主要污染物，养殖废水的随意排放会造成水体富营养化。另外，畜禽粪便任意堆置，产生的渗

---

① 陈丹丹，谷子林，王圆圆，等．畜禽粪便污染及其防治措施的研究［C］．中国畜牧医学会、中国农业工程学会．生态环境与畜牧业可持续发展学术研讨会暨中国畜牧兽医学会2012年学术年会和第七届全国畜牧兽医青年科技工作者学术研讨会会议论文集—T03环境与动物健康专题．中国畜牧医学会、中国农业工程学会、中国畜牧兽医学会，2012：251-258.

② 黄美铃，夏颖，范先鹏，等．湖北省畜禽养殖污染现状及总量控制［J］．中长江流域资源与环境，2017，26（2）：209-218.

③ 冯春燕．我国畜禽养殖业污染现状及治理对策分析［J］．中国畜禽种业，2014（4）：3-5.

滤液会渗入地下，其中含有的有害物质、病原菌会对地下水资源造成污染与破坏。

3. 对大气环境的影响

畜禽粪便往往会伴随难闻的气味，这是由于微生物腐败发酵产生大量有害气体，包括甲烷、二氧化碳等温室气体，以及硫化氢、氮气、甲基胺、甲基硫醇、挥发性有机酸和粪臭素等恶臭气体，这些恶臭气体会刺激人的呼吸系统，影响人类身心健康。另外，畜禽粪便堆置过程中会产生大量粉尘，这些粉尘挟带的不仅有臭味，还有各类有害微生物，污染周围空气。

4. 生物污染

畜禽粪便是能致使人畜共患疾病的致病菌的主要载体。不当处理的粪污中含有大量的寄生虫卵和病原菌，会滋生蝇虫，造成病原菌数量、种类蔓延，从而导致病原菌的传播扩散，威胁畜禽及人类身体健康。

三、畜禽粪便的资源化利用

畜禽粪便的不合理利用不仅会造成资源的浪费，还会污染环境，其实从资源学的角度来说，未经科学处理的畜禽粪便是一种放错地方的资源。所以，想办法将畜禽粪便无害化处理，既能减少它所造成的污染问题，又能变废为宝，将其转化为有价值的资源。畜禽粪便的资源化利用可以分为以下几种类型。

（一）畜禽粪便用作肥料

因为畜禽粪便中含有丰富的氮、磷和钾等矿物营养成分和大量的有机质，可用于农业种植。长期以来，畜禽粪便都是广大农民耕作时，用来改良土壤结构、保持和提高土壤肥力，以及提高和改善农作物产量和品质的重要肥源。畜禽粪便用作肥料通常有两种方法：一是土地还原法，即直接将畜禽粪便施用于农田；二是腐熟堆肥法，即将畜禽粪便和有机辅料混合堆积，利用微生物进行分解。以前畜禽养殖多为散养，产生的粪便量较少，因而施用于农田中不会造成营养过剩的负效应。与早期不同，在养殖业规模发展的大环境下，畜禽粪便产量越来越高，但目前没有足够多的农田接纳这些直接作为肥料施用的粪便，而且土壤的承载力是有限的，每亩地大约能施用鲜粪2吨，过量施用便会产生二次污染。基于此，将畜禽粪便经过堆肥处理，制成有机肥或者复合有机肥料的方法，已被广泛使用。这种方法简便易行，既能杀灭粪便中大部分的病原菌与寄生虫卵，提高肥效，还能减少由畜禽粪便的直接排放对环境造成的污染，以及由于代替了部分化肥的使用而减少使用化肥对环境带来的破坏①，也充分利用了农业资源，十分经济有效。

---

① 耿维，胡林，崔建宇，等．中国区域畜禽粪便能源潜力及总量控制研究［J］．农业工程学报，2013，29（1）：171-179.

（二）畜禽粪便用作饲料、基料

畜禽粪便中有很多尚未被吸收的氮、矿物质、纤维素和微量元素等可以作为饲料营养成分。例如，将鸡粪经过科学处理后可以作为猪、牛、羊的饲料。这一做法不仅减少了饲料成本，还减少了对环境的污染，节约了资源。但由于畜禽粪便含有各种残留的添加剂，许多发达国家已不再将畜禽粪便直接用作饲料。又如，可将畜禽粪便附加到作物秸秆上，以此为基料生产木耳、香菇、蘑菇和草菇等食用菌。常见的基料化利用模式主要有农业副产品—食用菌模式和木屑—发酵床养猪—食用菌模式。

（三）畜禽粪便用作能源

畜禽粪便用作能源主要有三种方式。一是直接作为燃料。纤维素较多的动物粪便经过风干后可用作燃料直接燃烧，我国草原地区使用风干的牛粪作燃料较为普遍。目前国际上将畜禽粪便用于焚烧发电也较为广泛，我国也在逐渐推广。近年来也有致密成型燃料技术的发展，如将牛粪脱水干燥制成致密成型燃料①。二是制沼气。这是我国目前最为常见的畜禽粪便能源化利用方式，但存在沼渣、沼液等复杂的二次污染问题。三是生物制氢。作为生物制氢的原料，畜禽类既能为厌氧发酵制氢提供微生物，又能提供制氢过程所需的营养物质和缓冲能力。

第二节 微生物菌剂在畜禽类好氧堆肥中的应用

在各种粪便处理技术中，由于高温好氧堆肥具备低成本、卫生、能转化成增值产品的优势而受到普遍欢迎。堆肥是生物处理固体废弃物，特别是处理畜禽粪便污染物，并使之无害化的一种低成本方法，其作为土壤调理剂和改良剂广泛运用于农业领域。此外，堆肥是可靠的废物处理方法，可用于减少由于将有机废物直接应用于土壤而可能产生的负面影响。

一、微生物好氧堆肥化技术

好氧堆肥是在人为控制的好氧条件下，根据堆肥物料的理化性质和堆肥过程中微生物对混合堆料中 C/N 比、粒径、水分含量和 pH 值等要求，将堆肥材料按适当比例混合堆积，利用堆料中的细菌、真菌及放线菌等好氧微生物，使固体畜禽粪便中的有机物质矿化分解生成二氧化碳、氨气、水分和热量，或腐殖化及部分腐殖化达到稳定化无害化程度，产生的热量使堆肥温度升至 60~70℃，降低毒性、杀灭致病性微生物及寄生虫卵，使之达

① 郑自安．畜禽养殖废弃物资源化利用技术发展分析［J］．畜牧水产，2016（1）：51-52.

到贮存和施用皆能对环境无害的生物降解过程。在这一过程中，通过微生物的生长繁殖、新陈代谢，将有机物降解，既可维持微生物自身的生命活动，又可将大分子有机物分解成有利于生物利用、植物吸收的小分子无机物。其主要的生物化学反应过程如下。

1. 有机物氧化

不含 N 有机物：

$$C_xH_yO_z+（x+y/4-z/2）O_2 \longrightarrow xCO_2+y/2H_2O+能量$$

含 N 有机物：

$$C_sH_tN_uO_v \cdot aH_2O+bO_2 \longrightarrow C_uH_xN_yO_2 \cdot cH_2O+dH_2O（g）+eH_2O（l）+fCO_2+gNH_3+能量$$

2. 细胞物质的合成（包括有机物的氧化，并以 NH_3 作为 N 源）

$$n（C_xH_yO_z）+NH_3+（nx+ny/4-nz/2-5x）O_2 \longrightarrow C_5H_7NO_2（细胞质）+（nx-5）CO_2+（ny-4）/2H_2O+能量$$

3. 细胞物质的氧化

$$C_5H_7NO_2+5O_2 \longrightarrow 5CO_2+2H_2O+NH_3+能量$$

通常将堆肥化过程分为四个阶段：第一阶段是升温阶段，堆肥在这个起始阶段不断积温，主要活动的微生物为嗜温菌；第二阶段是高温阶段，堆肥经过前一阶段的温度积累后进入高温期，此时主要活动的微生物为嗜热菌，嗜温菌失活；第三阶段是降温阶段，堆肥经过前面两个阶段的反应后，其中的有机物被大量分解并趋于稳定，容易被微生物利用的物质减少，堆肥中微生物的生命活动减弱，堆肥开始降温；第四阶段是腐熟阶段，堆肥在这个阶段时各种物理、化学、生物反应缓慢，但堆肥各项理化指标稳定。

二、堆肥过程中影响微生物活性的因素与动态变化

（一）堆肥过程中影响微生物活性的因素

1. 温度

温度是影响微生物活性的重要因素，在堆肥过程中各个时期的主要划分指标就是温度，温度对堆肥过程中各种化学反应的速率起着决定性作用。温度控制的原则在于既能够保证堆肥反应快速进行，又能够杀灭虫卵、病虫及致病性微生物。理想的堆体温度变化曲线应当是温度在较短时间内上升至 50~60℃，以保证最大的分解反应速率，直至大部分有机物消耗殆尽，随后堆体温度会自然下降。但要注意，堆体的最高温度不宜超过 70℃，因为过高的温度会降低微生物的活性甚至杀死微生物。

目前，在实际操作中一般通过调节初始材料中 C/N 比、通风、翻堆、喷水等方法来控制堆体温度，而通风和翻堆是最为直接的调控方式。具体而言，在堆肥前期，如果温度

并没有很快升高达到中温阶段，那么翻堆通风等保证堆体内部氧气浓度的措施是必不可少的。而在堆肥中后期，翻堆通风措施更为重要。总之，温度是表示堆肥过程是否正常进行最直接的指标，因此及时了解堆体温度的变化尤为重要。

2. 氧气浓度

好氧堆肥过程需要保持一定的氧气浓度，这对维持微生物正常的生理代谢过程是很有必要的。理想的堆体氧气浓度应保持在5%~15%范围内，因为氧气浓度低于5%会导致堆体内部形成厌氧环境，从而使得好氧微生物的繁殖受到抑制，厌氧微生物繁殖旺盛，好氧发酵无法进行转而进行厌氧发酵，从而导致堆体异味、堆肥产物对植物生长产生毒害作用等不良后果；氧气浓度高于15%则会导致堆体温度上升缓慢，甚至无法达到目标温度，使微生物分泌的酶活性降低，进而导致堆体内部化学反应速度降低。高温还可以杀死堆体中的虫卵及病菌，实现堆肥过程无害化，而温度上升缓慢会使堆体达不到无害化处理的目的。实际操作中主要通过翻堆和通风来控制氧气浓度，翻堆频率和通风速率随堆肥原料和堆体体积的变化而变化，也可通过鼓风机等设备向堆体内部添加氧气。

3. 含水率

由于养分在溶液环境中才能被微生物所吸收利用，因此堆体中需要保持一定含水率以保证微生物的正常代谢活动。堆肥过程中应将堆体的含水率整体控制在50%~60%，因此在堆肥过程中浇水这一措施必不可少。水分过少会限制微生物的运动及代谢，并使堆体中心部位温度无法达到期望的高温状态，从而降低反应速率；反之，堆体中过量的水分则会阻碍堆体内外的气体交换，造成堆体内部因氧气不足形成厌氧环境产生恶臭味，厌氧微生物占据主导地位，严重影响好氧微生物的生长繁殖。实际操作中主要通过喷水和通风来调节堆体含水率，用挤压测试粗测含水率。挤压时，堆肥混合物能够渗出水分，但不产生大量水滴时，说明含水率处在合适范围内。需要注意的是，堆料本身的吸水性会影响其中水分的分布。比如吸水性差的堆料，水分往往聚集在堆体底部导致厌氧发酵，目前常通过翻堆或添加表面活性剂进行改善。

4. 原料粒径及堆体体积

原料粒径通过改变堆体的通气性和吸附能力来影响微生物的活性。大粒径原料孔隙度大，具有良好的通气性，可以保证堆体内的氧气浓度，但是比表面积较小，吸附性较弱，难以在原料表面形成水膜，不利于微生物摄取可溶性有机物，影响微生物的繁殖与活动；相同质量或体积的小粒径原料比表面积大，具有比大粒径原料更强的吸附性，能够在原料表面形成水膜，使微生物更易接触到营养物质；而小粒径原料间的孔隙度较小，通气性较差，原料粉碎过细，粒径过小容易造成厌氧环境，好氧微生物繁殖受到抑制甚至开始死亡，发酵类型变为厌氧发酵。同时，原料粒径越小，粉碎成本越高。理想的粒径在于能够兼顾通气性、吸附性及成本。目前，一般园林绿化废弃物的物料粒径宜控制在 0.5~2 厘米。

此外，堆体体积大小也会影响堆体温度和透气性。大体积堆体有助于内部保持热量，可以使堆体更快达到高温期，但是在堆体内部通风效果差，容易出现厌氧环境，对好氧微生物的生长繁殖造成不利影响；小体积堆体则有助于保持良好的透气性，保证充足的氧气输入从而有助于有氧发酵的进行，但是热量易散失，不利于快速达到高温期。因此，理想的堆体体积在于能够平衡快速升温和微生物需氧之间的关系。生产中常见的堆体形状有条垛式堆体和槽式堆体。

5. 碳氮比与 pH 值

合适的碳氮比是保证微生物正常生长繁殖的必要条件。实验表明，微生物每消耗 25 g 有机碳便需要吸收 1 g 氮，而理想的初始碳氮比为 25~30。碳氮比过高，微生物生长繁殖所需的氮素来源受到限制，导致微生物繁殖速度慢，有机物分解速度慢，发酵时间长，有机原料损失大，腐殖化系数低；碳氮比过低，微生物生长繁殖所需的碳素来源受到限制，发酵温度上升缓慢，过量的氮以氨气形式释放，散发难闻气味。有研究尝试用木屑、珍珠岩和活性炭作为填充剂，用以减少高温好氧堆肥中氨气的排放。发现木屑可以有效减少氨气排放，同时还能有效促进有机物的分解。总之，合理调节堆料中的碳氮比是加快堆肥进程、提高腐殖化系数的有效途径。

pH 值是影响微生物生长繁殖的另一个重要因素。由于堆肥过程中存在大量微生物，不同的微生物有各自的 pH 值适应范围。在堆肥进程的初始阶段，中温性细菌和放线菌活动旺盛；高温阶段以嗜热性真菌和嗜热性放线菌为主，而嗜热性真菌是分解难降解有机物的主力；到达腐熟阶段时，易利用的有机物消耗殆尽，主要菌群转换为能利用复杂有机物的中温性真菌。由此可知，堆肥过程中理想的 pH 值控制应当是在堆肥起始至中温阶段时使堆体保持中性或微碱性，高温阶段至堆肥结束保持微酸性。维持一个良好的 pH 值对于保证微生物正常的生理活动和代谢具有重要的意义。然而，实际操作中很少对 pH 值进行专门的调节，少数堆肥原料 pH 值偏离适应范围过大时才需要调节。

（二）堆肥过程中微生物组成的动态变化

1. 升温阶段

堆肥过程初期，微生物可利用堆肥底物中的可溶性有机物，生命活动旺盛，快速大量繁殖。有机质在被快速分解的过程中释放出热量，同时大体积堆体具有良好的保温效果，堆体内温度不断升高，一般为自然环境温度（室温）至 50℃。此阶段，温性好氧细菌和丝状真菌为优势菌群。

2. 高温阶段

堆肥温度升高到 50℃以上即进入高温阶段。高温阶段会维持较长时间，但其中一些中温性微生物无法适应高温环境，繁殖和生理活动受到抑制，因而嗜热性微生物逐渐替代中温性微生物成为此阶段的主导微生物。此阶段，半纤维素、纤维素等高分子有机物分解速率开始加快，堆体温度通常维持在50~70℃。在堆体温度上升的过程中，嗜热微生物的类群和种类并不是一成不变的：在50℃左右，分解有机物的主体微生物是嗜热性真菌和放线菌；温度上升到60℃后，许多嗜热微生物对纤维素等物质的分解能力很强，放线菌和细菌通常开始占据主导地位，同时此阶段的高温可以杀死绝大多数的寄生虫和病原菌，实现堆肥产物的无公害化处理。

3. 降温阶段

当高温阶段持续一定时间后，纤维素、半纤维素等物质的分解过程已经结束，堆体中剩余的物质包括较难分解的大分子有机物质（如木质素）及上一阶段所形成的腐殖质。随着堆肥底物的不断消耗，微生物的活动强度开始下降，进而导致堆体产热量减少。同时，随着堆肥过程的进行，堆体体积缩小导致保温能力下降，堆肥过程进入降温阶段。在本阶段，中温性微生物重新活跃起来，逐渐占据微生物群落的主导地位。

4. 腐熟阶段

堆肥物料中绝大部分的有机质分解过程已经结束，堆体温度由50℃以上下降至周围环境温度。此阶段微生物的生命活动强度降低至更低水平，导致堆体耗氧量下降，堆体物理性质已经发生了变化，体积明显缩小，孔隙度变大，含水量降低。

三、堆肥腐熟指标的判定

堆肥腐熟度是保证用于农业或作为退化土壤改良剂的堆肥质量的重要标准。堆肥是一个包含各种物理、化学及生物反应的复杂过程，而堆肥腐熟度指标的建立则会受堆肥原材料的性质、堆肥时间及其他所有能影响堆肥过程的因素的影响，因此至今鲜有统一的标准。综合而言，评价好氧堆肥腐熟的指标主要分为物理学、化学及生物学指标三大类。

（一）物理学指标

判定堆肥腐熟的物理学指标主要有堆肥的颜色、气味、温度及含水率。一般堆肥的颜色会随着堆肥腐熟程度的加深而变黑；堆肥的原料一般会伴有难闻的气味，但随着堆肥时间的延长，难闻的气味会逐渐减轻，到堆肥完全腐熟后会有一股森林腐殖土的味道；堆肥的温度一般会先经历一段时间的升温期，再维持一段时间的高温期（≥50℃），而后降温，直至接近环境温度；堆肥完全腐熟时含水率较开始降低。但是，这种方法只能对堆肥的腐熟度进行一个初步的判断，并不能定量分析，只能作为一项辅助指标来评价堆肥腐熟度。

（二）化学指标

1. pH 值

通常，堆肥初始 pH 值在 7 左右或偏酸性，随着堆肥的进行，pH 值会有所升高，到堆肥腐熟时 pH 值基本在 8～9。但堆肥的 pH 值与堆肥原料性质有关，不能作为绝对性的指标。

2. 含氮化合物

堆肥中含氮物质会随着堆肥的进程发生各种形态变化。堆肥初期，堆体中含氮有机物在微生物的作用下被分解成铵态氮，并产生氨气，随着堆肥的进行，硝化作用也逐渐增强，部分铵态氮转化为硝态氮和亚硝态氮。另外，由于各类含氮化合物的变化遵循着一定的规律，可通过监测各类含氮化合物的变化情况来反映堆肥腐熟的程度。有人用硝化指数（NH_4^+-N/NO_3^--N 比）评价堆肥腐熟度，指出成熟堆肥的硝化指数要尽可能低。Juárez 等①提出当硝化指数小于 0.16 时可认为堆肥达到腐熟。Zhang 等②表示，堆肥的硝化指数低于 0.5 时可认为完成腐熟，介于 0.5 和 3 之间时可认为达到腐熟，高于 3 时则未腐熟。

3. 碳氮比（C/N）

碳源和氮源是堆肥中微生物生命活动所需的重要物质基础。随着堆肥的进行，含碳物质被矿化和腐殖化，含氮物质一部分转化为铵态氮，一部分经硝化作用转化为硝态氮和亚硝态氮。因此可通过这一转化规律来建立一个堆肥腐熟评价的方法。Awasthi 等③提出，C/N 可作为表征堆肥腐熟度的重要参数，C/N 的下降可用于指示堆肥稳定性和腐熟度。Awasthi 等以 C/N≤25 时作为堆肥腐熟的标准。Iqbal 等④认为，当 C/N 低于 20 时可认为堆肥达到腐熟，以 C/N 低于 15 作为堆肥腐熟的标准更好。但要注意，C/N 不能作为判定堆肥腐熟度的绝对指标，因为它受堆肥物料初始 C/N 影响较大。Morel 等⑤提出，采用 *T* 值（终点 C/N）/（起始 C/N）作为堆肥腐熟的评价指标，并认为当 *T* 值小于 0.6 时堆肥达到腐熟。在李洋等⑥研究中，*T* 值适用于多种不同性质物料堆肥的腐熟度评价。

---

① Juárez M F D, Prähauser B, Walter A, et al. Co-composting of biowaste and wood ash, influence on a microbially driven-process [J]. Waste Management, 2015, 46: 155-164.

② Zhang L, Sun X. Improving green waste composting by addition of sugarcane bagasse and exhausted grape marc [J]. Bioresource Technology, 2016, 218: 335-343.

③ Awasthi M K, Pandey A K, Khan J, et al. Evaluation of thermophilic fungal consortium for organic municipal solid waste composting [J]. Bioresource Technology, 2014, 168: 214-221.

④ Iqbal M K, Nadeem A, Sherazi F, et al. Optimization of process parameters for kitchen waste composting by response surface methodology [J]. International Journal of Environmental Science and Technology, 2015, 12 (5): 1759-1768.

⑤ Morel J L, Colin F, Germon J C, et al. Methods for the evaluation of the maturity of municipal refuse compost [J]. Composting of Agricultural and Other Wastes/Edited, 1985: 56-72.

⑥ 李洋，席北斗，赵越，等．不同物料堆肥腐熟度评价指标的变化特性［J］．环境科学研究，2014，27（6）：623-627.

4. 有机质

随着堆肥的进行，堆肥中的有机质逐渐被微生物分解，有机质的含量会呈现出下降的趋势，不同腐熟速率的堆肥会存在有机质含量及降幅的差异，可将有机质的变化情况作为表征堆肥腐熟程度的指标。

（三）生物学指标

1. 呼吸作用

由于堆肥是一个微生物过程，Mohammad 等①指出，堆肥的稳定性与腐熟度取决于微生物活性。

2. 种子发芽指数（GI）

Guo 等②认为，种子发芽指数可作为堆肥腐熟度和植物毒性的敏感指标，它具备较高的可靠性，可以直接反映堆肥的腐熟情况。Zucconi 等③认为，当 GI>50%时，堆肥达到基本腐熟；当 GI>85%时，堆肥已经完全腐熟。

四、加快堆肥进程的措施

微生物在堆肥过程中发挥着决定性的作用，它是将大分子及结构复杂的有机物质转化为小分子物质的关键。而传统堆肥方法生产效率低下，需要 90~270 天才能得到完全腐熟，其主要原因在于微生物的反应速率不高，同时难以全程维持较高的反应速率。目前可通过添加微生物菌剂、营养添加剂和其他外源材料等方式加快堆肥进程。

（一）添加微生物菌剂

和其他废弃物相比，园林绿化废弃物含有大量的木质素、纤维素，而木质素、纤维素的难降解性是导致园林绿化废弃物堆肥周期长的主要原因。由于纤维素外侧被木质素和半纤维素包裹，与细胞壁成分紧密结合形成了木质纤维素，如果要降解纤维素，必须将其从木质素和半纤维素的包裹中释放出来。自然环境中木质纤维素的降解主要依靠由微生物分泌的各种降解酶。木质素、纤维素及半纤维素降解酶的种类很多，降解能力较强的酶包括降解木质素的漆酶、过氧化物酶，降解纤维素的羧甲基纤维素酶等，降解半纤维素的 β-木聚糖酶及 β-甘露聚糖酶等。然而，虽然木质素、纤维素及半纤维素的降解酶种类很多，甚至包括在高温、高盐、强碱和高压等极端环境条件下依旧有效的降解酶，但对于木质纤维

① Mohammad N，Alam M Z，Kabbashi N A，et al. Effective composting of oil palm industrial waste by filamentous fungi：A review ［J］．Resources，Conservation and Recycling，2012，58：69-78.

② Guo R，Li G，Jiang T，et al. Effect of aeration rate，C/N ratio and moisture content on the stability and maturity of compost ［J］．Bioresource Technology，2012，112：171-178.

③ Zucconi F，Pera A，Forte M，et al. Evaluating toxicity of immature compost ［Phytotoxicity］ ［J］．Biocycle，1981，22（2）：54-57.

素来说，单种酶的降解能力仍然有限，需要多种酶构成降解酶系统，酶系间共同作用才能在降解木质纤维素方面表现出更好的效果。

在反应物不被因素限制的前提下，显然微生物的数量越多，反应速率越快。因此，在堆肥过程中提高微生物数量并将其生物活性维持在一个较高水平，能够显著加快堆肥进程。近年来，国内外在菌剂方面的研究取得了较大的进展，主要集中于菌种、最佳接种量和接种时间等方面的研究①。有学者明确接种外源菌剂对堆肥过程的影响，与不接种的空白处理组相比，接种外源菌剂能有效提高堆肥效率，缩短堆肥周期。同时，堆肥过程结束后得到的堆肥产物理化性质均得到了改进，提高了产品品质。另有学者筛选了两株高效的纤维素分解细菌，并对其酶学特征进行了研究，结果表明两者可以有效地提高堆肥体系中纤维素酶的酶活性②。除了单一菌剂外，研究者又将目光聚焦在了复合菌剂上。将几种功能不同的微生物混合制成复合菌剂，如将木质素分解菌与纤维素分解菌混合，得出其对于木质素及纤维素的降解具有更好的分解效果。王宇等③通过配比四种已有菌株得到一种复合菌剂，这种发酵剂中含有一定比例的酵母、枯草芽孢杆菌、木霉与黑曲霉，通过在实际堆肥中应用，发现配制得到的复合菌剂对堆肥产物的品质起到了良好的提升作用，各项理化指标都优于空白对照组。另外，由于堆肥过程中不同时期的温度差异较大，不同阶段主导微生物不尽相同，因此有学者尝试将耐受不同温度的微生物配制为复合菌剂，希望能够使堆肥过程中各个温度段的堆肥过程均得到优化，提高堆肥效率。将从常温（30℃）和高温（50℃）两种不同培养温度中筛选获得的微生物进行比例配制，研究不同菌株配比对秸秆发酵过程的影响，由于所选菌株对温度的适宜程度覆盖了堆肥全过程，菌剂对整个堆肥过程均有较好的促进作用④。

（二）营养添加剂

除了通过添加外源微生物菌剂来提高微生物数量从而加快堆肥进程外，加入营养添加剂提高微生物活性并促进微生物在堆肥初期的繁殖能力也是加快堆肥进程、缩短腐熟时间的措施之一。诸如糖类、尿素和蛋白质等含有大量C、N元素，便于微生物分解利用的物质，是较为典型的堆肥营养添加剂。在堆肥初期按比例加入堆体，可以起到“起爆剂”的作用，为微生物的生命活动及发育繁殖提供充足的C、N源，同时在缩短堆肥过程腐熟时间、加快堆肥进程等方面起到了积极的影响。常见的营养添加剂有鼠李糖脂、牛粪和鸡粪等。

① 赵恺凝，赵国柱，国辉，等．园林废弃物堆肥化技术中微生物菌剂的功能与作用［J］．生物技术通报，2016，32（1）：41-48.

② 陈丽燕，张光祥，黄春萍，等．两株高产纤维素酶细菌的筛选、鉴定及酶学特性［J］．微生物学通报，2011，38（4）：531-538.

③ 王宇，赵述淼，胡咏梅，等．几种微生物及其组合在猪粪堆肥发酵中的作用［J］．湖北农业科学，2009，48（1）：81-84.

④ 沈大春．秸秆堆肥降解菌株分离及降解稻秆效果研究［D］．南京：南京农业大学，2016.

（三）其他外源材料

堆肥反应速率除了与微生物菌种、微生物数量有关外，还与微生物活性相关。而提高微生物活性的关键在于堆肥环境参数的调控，将堆肥环境参数如碳氮比、pH 值等时刻保持在适合微生物发挥其作用的范围内是提高微生物活性的关键。有研究表明，在园林绿化废弃物堆肥中添加竹醋液可以使堆肥初期温度上升速度加快，快速达到高温期，同时有效降低堆肥过程中的 pH 值和 EC 值①。除了上述自然材料外，腐植酸可以有效减少堆肥过程中由于氮素挥发所造成的氮损失，有学者在猪粪发酵的物料中加入腐植酸，结果显示腐植酸在发酵过程中，既促进了堆肥前期的快速升温，又提高了堆肥后期的堆肥产品品质，还增加了堆肥产物中的营养物质②。

第三节 微生物菌剂在粪便恶臭气味污染中的应用

一、粪臭恶臭气味组成

粪便恶臭气体是我们人类接触最密切的一类恶臭气体。粪便平均 pH 值为 6.64，水含量平均为 74.6%。细菌生物量是粪便有机部分的主要成分，其余部分主要是未消化的碳水化合物、纤维、蛋白质和脂肪③。由于粪便中含有大量的有机物，这些有机物在微生物的作用下会被腐败分解，释放出一系列恶臭气体，污染空气、危害人体健康。此外，粪便中含有大量病原菌和寄生虫等，若不经过处理，直接用作农家肥或资源化利用，可能会导致疾病传播④。

不同来源的粪便恶臭气味组分各不相同。其中，牲畜粪便中最常见的挥发性有机化合物是酚类、吲哚类、挥发性脂肪酸、还原性有机硫化物和醇类，蛋鸡粪便中最主要的恶臭气体是二甲硫醚，奶牛粪便中最主要的恶臭气体是挥发性脂肪酸和酚类化合物。当前研究最多的畜禽恶臭气体是猪粪便恶臭气体。Parker 等⑤对养猪场气味进行研究，基于 OAV（Odor Activity Value）大于 1.0 的标准，确定出了养猪场的八种主要气味化合物，即丁酸、

---

① 田赟，王海燕，孙向阳，等．添加竹醋液和菌剂对园林废弃物堆肥理化性质的影响［J］．农业工程学报，2010，6（8）：272-278.

② 徐鹏翔，赵金兰，杨明．添加不同量的腐殖酸对猪粪堆肥中主要养分变化的影响［J］．环境工程学报，2011，5（3）：685-688.

③ Penn R，Ward B J，Strande L，et al. Review of synthetic human faeces and faecal sludge for sanitation and wastewater research［J］．Water Research，2018，132：222-240.

④ 李甲琳．农村生活有机垃圾与人粪便堆肥过程及其微生物特性研究［D］．南京：东南大学，2019.

⑤ Parker D B，Koziel J A，Cai L，et al. Odor and odorous chemical emissions from animal buildings：Part 6. Odor activity value［J］．Transactions of the ASABE，2012，55（6）：2357-2368.

异戊酸、戊酸、4-甲基苯酚、粪臭素、二乙基二硫化物、硫化氢和氨；Hobbs 等①认为，猪粪便气味主要由吲哚、酚类和挥发性脂肪酸构成。然而，氨气和硫化氢却通常被用作动物粪便气味的主要评价指标。

迄今为止，对人体粪便中的恶臭气味几乎没有系统的研究。根据 Mitsuoka 的研究②，粪便气味与肠道菌群中的有益微生物（如双歧杆菌）和有害微生物（如大肠杆菌）之间的平衡紊乱有关，并且与肠道环境的老化有关。而且，具有强烈气味的粪便与已经发生或以后可能发生的结肠癌、动脉硬化和肝脏疾病等有关，并诱导细胞衰老的进程。另外，受试者粪便气味成分的差异还与受试者的饮食结构息息相关，前一天进食的食物会直接影响粪便气味。通常，人体粪便的气味归因于挥发性脂肪酸、含硫化合物、吲哚、粪臭素和胺。据报告，从成人粪便中检测到 297 种挥发性化合物③。在所有样品中都检测到了以下物质，即乙酸、丁酸、戊酸、苯甲醛、乙醛、二硫化碳、二甲基二硫化物、丙酮、2-丁酮、2，3-丁二酮、6-甲基-5-庚烯-2-酮、酚、吲哚、粪臭素和 4-甲基苯酚。

Sato 等④首次对使用冲水马桶后漂浮于水中的粪便进行鉴定，测定了人粪便中的恶臭物质，收集了正常排泄和腹泻患者的样本进行分析，在健康受试者中，恶臭物质组成相似，乙酸、丙酸、丁酸、异戊酸、正戊酸、吡啶和吡咯的浓度在 ppb 量级下被检测到；而当患者腹泻时，吡啶、乙酸、丙酸、丁酸、异戊酸和正戊酸的浓度比正常水平高 10~100 000 倍。此外，在人体粪便中，甲硫醇和硫化氢也是粪便气味的主要物质。一个有趣的现象是，无论受试者的健康状况如何，在所有样品中均能检测到硫化氢，而甲硫醇的存在则与健康状况高度相关，只有在肠道菌群平衡受到干扰时，才会产生甲硫醇。

还有研究应用顶空分析和配备端口嗅探的气相色谱—质谱联用法分析尿液的臭味来源，结果表明，陈旧的尿液中某些酚、吲哚、粪臭素、氨气和硫化合物是尿臭味的重要来源⑤。Lin 等⑥用类似的方法研究了印度和非洲坑式厕所的恶臭气味，确定了人类排泄物气味的重要成分包括含硫化合物、短链脂肪酸、吲哚、粪臭素和酚类。由于粪便是厕所恶臭

---

① Hobbs P J，Webb J，Mottram T T，et al. Emissions of volatile organic compounds originating from UK livestock agriculture［J］. Journal of the Science of Food and Agriculture，2004，84（11）：1414-1420.

② Mitsuoka T. Intestinal flora and diet［M］. Tokyo：Japan Scientific Societies Press，1994.

③ Garner C E，Smith S，de Lacy Costello B，et al. Volatile organic compounds from feces and their potential for diagnosis of gastrointestinal disease［J］. The FASEB Journal，2007，21（8）：1675-1688.

④ Sato H，Morimatsu H，Kimura T，et al. Analysis of malodorous substances of human feces［J］. Journal of Health Science，2002，48（2）：179-185.

⑤ Wagenstaller M，Buettner A. Quantitative determination of common urinary odorants and their glucuronide conjugates in human urine［J］. Metabolites，2013，3（3）：637-657.

⑥ Lin J，Aoll J，Niclass Y，et al. Qualitative and quantitative analysis of volatile constituents from latrines［J］. Environmental Science & Technology，2013，47（14）：7876-7882.

的主要来源，Chappuis 等①用四种化合物——丁酸、对甲酚、吲哚和二甲基三硫化物模拟出了粪便的味道，添加另外四种化合物——2-甲基丁酸、3-甲基丁酸、苯乙酸和粪臭素后，粪便气味更逼真。

二、粪臭素的特性

无论是畜牧养殖的粪便恶臭气味还是人类粪便的恶臭气味，粪臭素都是引起粪便恶臭气味的主要因素之一。然而，现有文献对恶臭气味的研究多是从氨气和硫化氢入手，对粪臭素的研究较少。因此，粪臭素极大引起了研究人员的兴趣。

粪臭素（skatole），又称 3-甲基吲哚（3-methyindole，3MI），是一种吲哚类恶臭化合物，其化学结构式如图 3-1 所示。粪臭素在生物体内由降解色氨酸的微生物产生，一些研究人员报道了粪臭素是吲哚乙酸的生物转化产物，厌氧细菌（如乳杆菌和梭状芽孢杆菌）可以将吲哚乙酸转化为粪臭素。此外，赖氨酸芽孢杆菌也能将吲哚生物转化为粪臭素。

图 3-1　吲哚和粪臭素的化学结构式

粪臭素是粪便臭味中最令人讨厌的化合物之一，在空气排放中的嗅觉阈值为 0.00309 mg/m^3，因而它在极低的化学浓度下就能被我们感知到。除了难闻的刺激性恶臭气味外，粪臭素还对生态系统和人类健康构成威胁，已经证实粪臭素能够诱发急性牛肺水肿、肺气肿、肺部疾病、血红蛋白尿和反刍动物溶血等，同时也可以通过生物转化产物与肺部蛋白质共价结合，从而对人体的肺细胞造成损害。此外，粪臭素还具有广泛的抑菌作用，对许多微生物有毒害作用。研究表明，废水和牲畜粪便中普遍存在粪臭素，粪臭素的控制和清除非常有必要②。

三、恶臭气味控制方法

恶臭气味控制方法可分为内源控制和外源控制。内源控制是针对生物源恶臭气体而言，如畜禽养殖和人类粪便中的恶臭气体，可以通过改善我们的饮食结构和在饮食中添加益生菌，从而在源头上减少恶臭气体的产生；外源控制则是针对已经产生的恶臭气体的控

---

① Chappuis C J F，Niclass Y，Cayeux I，et al. Sensory survey of key compounds of toilet malodour in Switzerland，India and Africa［J］. Flavour and Fragrance Journal，2016，31（1）：95-100.

② Lebrero R，Bouchy L，Stuetz R，et al. Odor assessment and management in wastewater treatment plants：a review［J］. Critical Reviews in Environmental Science and Technology，2011，41（10）：915-950.

制方法，外源控制方法可分为物理方法、化学方法和生物方法。

（一）物理方法

物理除臭方法本质上不能对恶臭物质进行根除，而是通过稀释、遮掩等途径来减少人的嗅觉感受，或通过恶臭物质的吸附转移来达到暂时的处理效果。物理除臭方法通常包括稀释法、掩蔽法和物理吸附法。

稀释法是通过释放大量无臭气体来对恶臭气体进行稀释，或将恶臭气体通过烟囱等形式向高空排放，进而使恶臭气体的浓度降低。稀释法只适用于浓度较低的恶臭气体，并且这种形式受气象条件影响较大。

掩蔽法是通过释放芳香气味来遮掩恶臭气味，这在城市公共卫生间中比较常见。例如，城市管理者习惯在公共厕所里放置香水等芳香液体，以此来改善卫生间的恶臭味。掩蔽法也只适用于低浓度恶臭气体的处理。

物理吸附法是利用具有吸附功能的材料，如活性炭、硅胶及活性白土等，通过将环境中的恶臭气体吸附到材料中，以此减少环境中的恶臭气体。其缺点是吸附剂容量小，成本高。

（二）化学方法

化学除臭方法包括燃烧法、化学氧化法、光催化氧化法、吸收法等①。

燃烧法的发展经历了直接燃烧法、热力燃烧法和催化燃烧法三个阶段。最早出现的直接燃烧法是将恶臭气体当作燃料装进燃烧炉中通过加热升温来达到恶臭气体的着火点，以期使恶臭物质分解成二氧化碳和水蒸气等无臭物质，这种方法只适用于浓度较高的恶臭气体，并且能源浪费大，现在基本不用这种方法。基于此，衍生了热力燃烧法，它是在直接燃烧的基础上增加了油或燃料混合进而达到完全燃烧的效果，这种方法所需设备体积大，并且燃料费用高。随后，进化出催化燃烧法，此方法是在热力燃烧法的基础上增加了催化剂，从而降低臭气的燃烧温度，催化剂以金属或金属化合物居多。催化燃烧法可以处理浓度较低的臭气，并且设备体积相对较小，但缺点是容易发生催化剂中毒或臭气不完全燃烧引发中毒。

化学氧化法是利用具有强氧化性或强酸性、强碱性的化学试剂进行除臭。其中，氧化剂如高锰酸钾、过氧化氢、次氯酸盐及二氧化氯等，能将恶臭气体氧化成无臭或弱臭的气体。强酸和强碱化学试剂适用于组成较复杂的臭气处理，如垃圾填埋场和粪便等恶臭气体处理，因为很多生物源的恶臭气体是由部分微生物活动所产生的，加入强酸和强碱试剂，能改变环境中的 pH 值，进而抑制微生物活性，从源头上控制臭气的产生。化学氧化法除

---

① 李珊红，李彩亭，谭娅，等．恶臭气体的治理技术及其进展［J］．四川环境，2005（4）：45-49.

臭见效快，但缺点是容易造成二次污染，并且成本较高。

光催化氧化法是通过光催化产生自由电子而发生氧化反应。光催化法在化学除臭方法中是一种较为清洁的方法。但这一方法，一方面，反应降解速率受催化材料的限制，而且因臭气种类多且复杂，需要研发不同种类的催化材料；另一方面，光催化反应通常需要特定的光源，这限制了在原位进行臭味去除。

吸收法适用于某些能够溶解在水或其他溶液中，甚至能与溶液反应的恶臭气体，生成物无臭。常见的吸收剂有次氯酸钠、硫酸、盐酸等。吸收法的缺点主要是容易造成二次污染，并且对复杂成分的气味除臭效果不佳。

（三）生物方法

粪臭素是一种结构较复杂的氮杂环化合物，化学性质稳定。目前并没有有效的物理化学方法来处理粪臭素，但由于粪臭素是有机化合物，因而有被微生物利用的潜能，现有文献中关于粪臭素的降解大多是使用微生物方法。

生物降解是一种用于环境修复的生态友好且低成本的方法，在过去几十年里有很多利用生物降解来处理环境污染物的例子。据报道，粪臭素可以在厌氧产甲烷和硫酸盐还原的条件下转化①。对于粪臭素生物降解的研究可以追溯到1968年，发现吲哚诱导的革兰氏阳性球菌能够氧化粪臭素②。此后直到2006年，从红树林沉积物中分离出来的假单胞菌属Gs菌株，具有将粪臭素矿化的能力。之后的文献相继报道了乳杆菌③、沼泽红假单胞菌、嗜铜菌和不动杆菌等菌株均可去除粪臭素。但由于粪臭素的生物毒性和顽固性，到目前为止报道出来的具有粪臭素降解能力的微生物菌株仍然有限，并且各个菌株对粪臭素的降解能力差异较大，具体如表3-1所示。

表3-1 不同菌株对粪臭素的降解能力

菌株	粪臭素初始浓度	降解情况
沼泽红假单胞菌 WKU-K DNS3	13.12 μg/L	3 d 降解率> 48%
乳杆菌 Str6020	5 mg/L	8 d 降解率 22.17%
BurkholderialIDO3	50 mg/L	12 h 降解率 58%
铜绿假单胞菌 Gs	393 mg/L	8 d 内完全降解
不动杆菌 NTA1-2A	200 mg/L	6 d 内降解率>85%

① Gu J D, Fan Y, Shi H. Relationship between structures of substituted indolic compounds and their degradation by marine anaerobic microorganisms [J]. Marine Pollution Bulletin, 2002, 45 (1-12): 379-384.

② Fujioka M, Wada H. The bacterial oxidation of indole [J]. Biochimica et Biophysica Acta (BBA) -General Subjects, 1968, 158 (1): 70-78.

③ Meng X, He Z F, Li H J, et al. Removal of 3-methylindole by lactic acid bacteria in vitro [J]. Experimental and Therapeutic Medicine, 2013, 6 (4): 983-988.

续表

菌株	粪臭素初始浓度	降解情况
不动杆菌 TAT1-6A	200 mg/L	6 d 内降解率>85%
梭菌 A-3	100 mg/L	7 d 降解率 37.18%
红球菌 Rp3	100 mg/L	48 h 降解率 98.4%

筛选高效的微生物菌株，并且使用特定菌株或混合菌体进行生物转化是生物降解粪臭素的有效途径。虽然接种的菌株能够影响土著微生物群落的降解性能、生物量、微生物多样性和群落结构，但在许多情况下，细菌菌株在复杂的土著微生物群落中可能无法生存甚至消失。如果接种的菌株没有竞争力，那么将难以适应土著微生物群落或被其他有毒物质抑制。因此，成功进行生物转化的关键因素是使接种的菌株能够在环境中定植。

目前，有文献提到使用不动杆菌 NTA1-2A 和不动杆菌 TAT1-6A 来处理实际粪便（鸡粪）的粪臭素，但遗憾的是缺乏相关的微生物群落信息①。微生物群落信息与粪便中臭气的产生和去除均息息相关，有效的粪臭素降解菌在实际粪便或活性污泥系统中成功存活和定植，对于环境中粪臭素的去除至关重要。

恶臭已成为世界七大公害之一，对人类的危害仅次于噪声，位居第二。人民对幸福美好生活的追求，使我们越来越关注环境问题，从我国生态环境部官方网站上查询到，2019年全国的环境举报投诉案件中，大气污染案件最多，而大气污染案件中恶臭气味的举报占比最高，足以见得恶臭污染正严重影响着我们的生活。

第四节 不同种类微生物菌剂在畜禽养殖业中的应用

一、芽孢杆菌菌剂的应用

目前，芽孢杆菌菌株已被作为微生物菌剂应用于畜牧业领域，原因在于芽孢杆菌对极端环境有很强的抵抗力，而且具有更高的耐酸性，在热处理和低温储存过程中具有更好的稳定性。芽孢杆菌菌剂主要有枯草芽孢杆菌、地衣芽孢杆菌、蜡样芽孢杆菌及东洋芽孢杆菌等，其在一定条件下产生芽孢，由于芽孢的特殊结构，使芽孢杆菌对干燥、高温高压、氧化、强酸强碱、挤压等不良环境的抵抗力很强，产品稳定性高，并且具有很强的蛋白酶、脂肪酶和淀粉酶活性，在肠道定植生长上具有多种有效的酶促效应。

① Tesso T A, Zheng A, Cai H, et al. Isolation and characterization of two Acinetobacter species able to degrade 3-methylindole [J]. PloS One, 2019, 14 (1): e0211275.

（一）芽孢杆菌菌剂在单胃动物生产中的应用

枯草芽孢杆菌可以降低猪体外不溶性饲料的纤维含量，提高育猪生长性能，而在饲料中添加枯草芽孢杆菌，降低了细菌群落的丰度，特别是与纤维素降解有关的丰度①。在仔猪饲料中添加0.1%的枯草芽孢杆菌，仔猪血清三酰甘油、脂肪酶、淀粉酶、麦芽糖酶活性及回肠绒毛高度/隐窝深度比均有提高，厚壁菌门的丰度和大肠杆菌的丰度显著增加。综上所述，枯草芽孢杆菌饲料可以改善仔猪的生长性能和肠道健康②。有研究表明，芽孢杆菌菌剂能显著改善断奶仔猪的日增质量、饲料转化率和腹泻率，缓解饲料中由赤霉烯酮引起的饲料污染问题，并抑制了常见致病菌如大肠杆菌的活性③。总之，枯草芽孢杆菌在促进单胃动物生长、提高饲料消化率和增进动物健康上有明显的作用。

（二）芽孢杆菌菌剂在反刍动物生产中的应用

添加枯草芽孢杆菌和地衣芽孢杆菌复合菌剂使羔羊体重提高了18.8%，血液中总蛋白、球蛋白和尿素水平分别提高了5.3%、10.8%和6.2%，绵羊血液中的总蛋白、球蛋白和尿素含量也提高了，并且绵羊和羔羊血液中胆红素和胆固醇水平降低，杀菌和吞噬指数增加，粪便中乳酸杆菌和双歧杆菌含量增加，大肠杆菌、肠球菌和酵母菌含量增加，证明芽孢杆菌有利于反刍动物保持肠道健康，改善肠道菌群，增强免疫系统，维持正常代谢过程④。例如，在牛粪中添加枯草芽孢杆菌，提高了牛粪堆肥效率并促进了其成熟⑤。

（三）芽孢杆菌菌剂在家禽动物生产中的应用

枯草芽孢杆菌可以改善家禽动物肠道菌群的组成和代谢，减少炎症和凋亡。有研究表明，枯草芽孢杆菌可以缓解产气荚膜梭菌诱导的亚临床肠炎，与未添加枯草芽孢杆菌的肠炎肉鸡相比，添加枯草芽孢杆菌后，肉鸡十二指肠中麦芽糖酶活性提高，空肠黏膜中caspase-3蛋白表达显著降低。此外，瘤胃球菌科和双歧杆菌科等肠道有益细菌的丰度增加和肠道代谢组改变⑥。在肠道紊乱过程中，添加枯草芽孢杆菌可以提高家禽动物的生长性

---

① Liu P, Zhao J, Guo P, et al. Dietary corn bran fermented by *Bacillus subtilis* MA139 decreased gut cellulolytic bacteria and microbiota diversity in finishing pigs [J]. Frontiers in Cellular and Infection Microbiology, 2017 (7): 526.

② Deng B, Wu J, Li X, et al. Effects of *Bacillus subtilis* on growth performance, serum parameters, digestive enzyme, intestinal morphology, and colonic microbiota in piglets [J]. AMB Express, 2020, 10 (1): 1-10.

③ Shen W, Liu Y, Zhang X, et al. Comparison of ameliorative effects between probiotic and biodegradable *Bacillus subtilis* on zearalenone toxicosis in gilts [J]. Toxins, 2021, 13 (12): 882.

④ Devyatkin V, Mishurov A, Kolodina E. Probiotic effect of *Bacillus subtilis* B-2998D, B-3057D, and *Bacillus licheniformis* B-2999D complex on sheep and lambs [J]. Journal of Advanced Veterinary and Animal Research, 2021, 8 (1): 146.

⑤ Li J, Wang X, Cong C, et al. Inoculation of cattle manure with microbial agents increases efficiency and promotes maturity in composting [J]. Biotech, 2020, 10 (3): 1-9.

⑥ Wang Y, Xu Y, Xu S, et al. *Bacillus subtilis* DSM29784 alleviates negative effects on growth performance in broilers by improving the intestinal health under necrotic enteritis challenge [J]. Front Microbiol. 2021, 12: 723187.

能，增强其先天免疫和适应性免疫，维持肠道内稳态和调节肠道菌群。在雏鸡艾美尔菌感染的情况下，添加枯草芽孢杆菌后，增加了一些共生菌的丰度，包括棒状杆菌、肠球菌、芽孢杆菌，从而减轻了艾美尔菌引起的肠道破坏①。可见，枯草芽孢杆菌对家禽有促进生产的作用，能减少家禽的应激并维持其肠道的健康，使家禽的生产性能到达最佳。

二、乳酸菌菌剂的应用

动物的肠道是一个复杂的生态系统，其中，营养物质、微生物群和宿主细胞广泛相互作用。而益生菌可以被认为是肠道天然微生物群的一部分，并参与改善动物体内平衡。乳酸菌则是一类非芽孢形成的革兰氏阳性菌的总称，其发酵糖的主要产物是乳酸，它对宿主的健康促进作用，被认为是一种益生菌，在治疗人类和动物疾病方面非常有效。目前，乳酸菌已被广泛用作畜禽养殖领域的一类微生物制剂，它们也被认为是改善动物健康的抗生素的最佳替代品，对畜牧业的健康养殖和生态农业的发展具有重要意义。

（一）乳酸菌菌剂在单胃动物生产中的应用

仔猪养殖是养猪业的基础，但是仔猪消化功能差、肠道微生物群不稳定及易受外部环境影响等特点，可能会导致仔猪的各种肠道疾病，这些疾病是仔猪死亡的主要原因。而乳酸菌改善了仔猪肠道微生物的群落结构、肠道免疫和消化，常用于断奶仔猪的饮食②。饲料中添加约氏乳杆菌 BS15 对仔猪的日增重和起始饲料转化率有显著影响，这主要通过增加回肠绒毛高度和隐窝深度的比率来改善肠道发育和消化③。用德氏乳杆菌喂养断奶仔猪可以刺激其肠道免疫反应，并增加抗氧化能力。

（二）乳酸菌菌剂在反刍动物生产中的应用

在反刍动物中，腹泻是一种影响小牛和绵羊生长发育的综合性疾病，导致相对较高的死亡率。腹泻主要是由大肠杆菌、沙门氏菌和分枝杆菌等致病菌引起的肠道感染④。通过鼠李糖乳杆菌与牛奶替代物混合喂养，显著增加了新生犊牛的食物摄入量和日增重，以及瘤胃液中淀粉酶、蛋白酶活性和微生物蛋白的浓度。此外，鼠李糖乳杆菌可通过提高优势菌的相对丰度和微生物多样性指数来调节瘤胃和肠道微生物的平衡，这有利于小牛的瘤胃

---

① Memon FU，Yang Y，Zhang G，et al. Chicken gut microbiota responses to dietary *Bacillus subtilis* probiotic in the presence and absence of eimeria infection［J］. Microorganisms. 2022，10（8）：1548.

② Yeung CY，Chiang Chiau JS，Chan WT，et al. In vitro prevention of salmonella lipopolysac-charide-induced damages in epithelial barrier function by various lactobacillus strains［J］. Gastroenterol Res Pract. 2013，2013：973209.

③ Xin J，Zeng D，Wang H，et al. Probiotic *Lactobacillus johnsonii* BS15 promotes growth performance，intestinal immunity，and gut microbiota in piglets［J］. Probiot Antimicrobial Proteins. 2020，12（1）：184-193.

④ Holschbach C L，Peek S F. Salmonella in dairy cattle［J］. Veterinary Clinics：Food Animal Practice，2018，34（1）：133-154.

发育和早期断奶，以及反刍动物的早期生长①。

（三）乳酸菌菌剂在家禽动物生产中的应用

在集约化生产过程中，家禽易受恶劣环境因素的影响，这些因素会导致家禽肠道微生物群紊乱，从而对其生产效率产生负面影响。由食源性肠道病原体引起的人兽共患病可导致高发病率和死亡率，给家禽业带来巨大的经济损失②。肠道的组织学和形态学分析表明，在饲料中添加 D2/CSL 嗜酸乳杆菌，可增加绒毛的高度和黏膜层的厚度，这对家禽的性能具有积极的影响③。类似地，雏鸭在第一周口服乳杆菌发酵物后，改善了肠道发育、形态结构和体内平衡，这促进了雏鸭从孵化到 21 日龄的生长表现④。

三、酵母菌菌剂的应用

酵母菌属于真菌类，是一种单细胞真核，兼性厌氧微生物。酵母菌具有以下优点：含有丰富的蛋白质、氨基酸、核酸、维生素、微量元素及各种消化酶；种类多，发酵底物范围广，易于培养；繁殖迅速，代谢旺盛且代谢产物多。另外，酵母菌主要有毕赤酵母属、耶氏酵母属、德巴利氏酵母属、克鲁维酵母属，不仅对人类健康有益，而且在改善动物营养和健康方面也有重要意义。在动物饲料中添加酵母菌可以提高饲料的营养含量和饲料利用率，从而改善动物的生产性能。

（一）酵母菌菌剂在单胃动物生产中的应用

在猪饲料中添加酵母菌培养物或酵母菌，可以提高其生产性能、消化能力并改善猪的肠道微生物菌群。有研究表明，酵母细胞壁成分如甘露聚糖可以积极调节猪的免疫反应，通过减少致病菌和改善肠道健康来维持动物健康和提高生长性能⑤。Shen 等⑥探究了饲料中添加酵母培养物与抗生素生长促进剂对育肥猪生长性能、营养物质消化率、肠道形态、肠道生态和免疫功能变化的影响，试验结果表明，饲料中添加 5 g/kg 的酵母培养物可提高猪的空肠绒毛高度和绒毛高度与隐窝深度的比值，调节其肠道免疫反应，从而提高保育猪

---

① Zhang L, Jiang X, Liu X, et al. Growth, health, rumen fermentation, and bacterial community of Holstein calves fed *Lactobacillus rhamnosus* GG during the preweaning stage [J]. Journal of Animal Science, 2019, 97 (6): 2598-2608.

② Nallala V, Sadishkumar V, Jeevaratnam K. Molecular characterization of antimicrobial *Lactobacillus* isolates and evaluation of their probiotic characteristics in vitro for use in poultry [J]. Food Biotechnology, 2017, 31 (1):20-41.

③ Forte C, Manuali E, Abbate Y, et al. Dietary *Lactobacillus acidophilus* positively influences growth performance, gut morphology, and gut microbiology in rurally reared chickens [J]. Poultry science, 2018, 97 (3): 930-936.

④ Zhang Q, Jie Y, Zhou C, et al. Effect of oral spray with *Lactobacillus* on growth performance, intestinal development and microflora population of ducklings [J]. Asian-Australasian Journal of Animal Sciences, 2020, 33 (3): 456.

⑤ Van der Peet-Schwering C M C, Jansman A J M, Smidt H, et al. Effects of yeast culture on performance, gut integrity, and blood cell composition of weanling pigs [J]. Journal of Animal Science, 2007, 85 (11): 3099-3109.

⑥ Shen Y B, Piao X S, Kim S W, et al. Effects of yeast culture supplementation on growth performance, intestinal health, and immune response of nursery pigs [J]. Journal of Animal Science, 2009, 87 (8): 2614-2624.

的生长性能。酵母培养物与抗生素生长促进剂对保育猪生长性能的影响比较，表明酵母培养物是一种较好的抗生素替代品。需要注意的是，在猪的生产中应用酵母菌、增加酵母菌菌剂的同时需要配合使用高能低蛋白的饲料；哺乳期的母猪尽量避免饲喂新鲜酵母，以免引起仔猪腹泻。

（二）酵母菌菌剂在反刍动物生产中的应用

许多研究表明，添加益生酵母菌对反刍动物的生长和生产性能有积极影响。Desnoyers 等①研究发现添加益生酵母菌可以增加奶牛产奶量（每公斤体重增加 1.2 g）和乳脂含量（增加 0.05%）。Bitenconrt 等②研究发现，补充酿酒酵母菌 CNCM I-1077 可以增加奶牛牛奶中蛋白质和乳糖的日产量，其原因可能是酿酒酵母菌 CNCM I-1077 可提高奶牛的纤维消化率。用补充了益生酵母菌的饲料喂养奶牛、山羊、母羊和牛，也观察到了类似的日产奶量和乳蛋白含量提高的效果③。Jouany 等④研究发现，无论是在饲喂营养不良的饲料，还是在饲喂富含高可发酵糖的饲料，益生酵母菌都能改善反刍动物的生长性能。

（三）酵母菌菌剂在家禽动物生产中的应用

益生酵母菌一直被认为对家禽的生长性能有积极影响。Hassanein 等⑤研究了在饲料中添加益生酵母菌对蛋鸡肠道菌群和生产性能的影响，实验结果表明，在蛋鸡饲料中添加 0.4%或 0.8%的活性酵母可提高其生产性能和营养物质利用率，这是由于酵母可抑制病菌的生长。总之，酵母菌可作为家禽饲料中的调节菌剂，在促进家禽生长、调节肠道菌群、抑制病原体、调节免疫和提高肉质等方面有重要意义。

综上所述，芽孢杆菌、乳酸菌和酵母菌菌剂在畜禽养殖中具有积极作用，有利于提升养殖效果，提高肉质。

---

① Desnoyers M, Giger-Reverdin S, Bertin G, et al. Meta-analysis of the influence of *Saccharomyces cerevisiae* supplementation on ruminal parameters and milk production of ruminants [J]. Journal of Dairy Science, 2009, 92 (4): 1620-1632.

② Bitencourt L L, Silva J R M, Oliveira B M L, et al. Diet digestibility and performance of dairy cows supplemented with live yeast [J]. Scientia Agricola, 2011, 68: 301-307.

③ Moallem U, Lehrer H, Livshitz L, et al. The effects of live yeast supplementation to dairy cows during the hot season on production, feed efficiency, and digestibility [J]. Journal of Dairy Science, 2009, 92 (1): 343-351.

④ Jouany J P, Mathieu F, Senaud J, et al. The effect of *Saccharomyces cerevisiae* and *Aspergillus oryzae* on the digestion of the cell wall fraction of a mixed diet in defaunated and refaunated sheep rumen [J]. Reproduction Nutrition Development, 1998, 38 (4): 401-416.

⑤ Hassanein S M, Soliman N K. Effect of probiotic (*Saccharomyces cerevisiae*) adding to diets on intestinal microflora and performance of Hy-Line layers hens [J]. JAm Sci, 2010, 6 (11): 159-169.

第四章　微生物菌剂在污水处理方面的应用

第一节　微生物菌剂在黑臭水体修复领域的应用

水污染造成的典型结果是黑臭水，目前迫切需要通过减少污染和更有效的处理系统来解决这一污染问题。黑臭水是由外部污染源输入和内源沉积物释放等因素造成的。目前，已被广泛应用的治理方案是污染控制和内部底泥疏浚，虽然这些处理方法会产生一系列的效果，但它们无法阻止黑臭水的再次形成，特别是底泥疏浚会严重破坏水体的生态稳定性。因此，有必要研究对黑臭水治理长期稳定有效的可持续修复方法。而生态修复技术旨在恢复自然水体的自净能力和生态系统健康，支持长期的生态健康，这可能是黑臭水体修复的重要方法。

一、城市水体黑臭现象

近年来，城市化的快速发展导致黑臭水问题日益突出。黑臭水是水生态系统中受城市化进程影响的一个较为严重的问题①，水体散发出刺激性和有害气味、呈黑色或灰黑色并且失去生态功能②。黑臭水体在发展中国家和发达国家都存在，特别是发展中国家，它阻碍了一些城市的发展，已经成为一个突出的问题。根据《地表水环境质量标准》（GB 3838—2002）可将黑臭水体划分为Ⅴ类水质，这类水被定义为溶解氧（Dissolved Oxygen，DO）浓度为 2 mg/L，重铬酸盐化学需氧量（Chemical Oxygen Demand，CODcr）为 40 mg/L，5 天后生化需氧量（BOD_5）为 10 mg/L，氨氮（NH_4^+-N）浓度为 2.0 mg/L，总氮（Total Nitrogen，TN）浓度为 2.0 mg/L，总磷（Total Phosphorus，TP）浓度为 0.4 mg/L（湖泊、水库为 0.2 mg/L）。《城市黑臭水整治工作指南》（2015 年）将黑臭水划分为轻级和重级两个等级，分类标准见表 4-1 所列。

---

① Cao J，Sun Q，Zhao D，et al. A critical review of the appearance of black-odorous waterbodies in China and treatment methods［J］. Journal of Hazardous Materials，2020，385：121511.

② Ji X，Zhang W，Jiang M，et al. Black-odor water analysis and heavy metal distribution of Yitong River in Northeast China［J］. Water Science and Technology，2017，76（8）：2051-2064.

表 4-1　城市黑臭水污染程度分类标准

特征指标/单位	轻度黑臭	重度黑臭
透明度/cm	25~10	<10
溶解氧/（mg/L）	0.2~2.0	<0.2
氧化还原电位/mV	-200~50	<-200
氨氮浓度/（mg/L）	8.0~15	>15

近几十年来，黑臭水已成为一个普遍问题①。根据国家城市黑臭水管理监管平台（中国住房和城乡建设部）2019 年 9 月发布的数据，全国城市黑臭水数量已增至 2 100 个，其中，广东、安徽、湖南、山东和江苏的黑臭水体所占比例最高，分别为 11.6%、10.3%、8.1%、7.9%和 7.2%。中国中南部和东部分别有 778 个和 709 个黑臭水体，分别占总数的 37.1%和 33.8%。由于水体有机物污染严重，氮、磷浓度高，溶解氧的消耗加速，溶解氧浓度变低②。水中缺乏溶解氧会导致水生生物和动物的死亡，这不仅会使水体生态系统失衡，还会影响周围环境。国务院 2015 年发布的“水十条”中明确要求：到 2030 年，城市建成区黑臭水体总体得到消除。

二、黑臭水形成危害

（一）成因

目前，外源污染、内源污染和其他污染是导致黑臭水形成的主要原因。城市黑臭河流一般都被有机物严重污染，其中，市政工业废水和生活污水等外源性污染源提供了高浓度的氮和磷，这些物质的浓度超过了河流的自净能力，促进藻类繁殖和有机物分解导致水体溶解氧的减少或消耗。另外，化工、印染和制药等行业是高浓度含硫有机废水的主要排放者，这些行业的废水直接排入水体会导致水体变黑。微生物分解有机物导致大量溶解氧（DO）被消耗，使水体形成缺氧状态并促进厌氧微生物的快速繁殖。其余沉降至沉积物中长期停滞形成了内源性污染源，污染物将再次释放到水体中并推动产生黑臭现象。此外，高温生活污水和工业冷却水等的排入也会导致水体温度升高，进而提高微生物的活性（微生物在 25℃左右处于活性最高状态），这也是黑臭水体常出现在夏季的原因。

水体循环不畅、水动力不足等也是导致黑臭水形成的原因之一。人为活动导致城市河流渠道化，切断了河流的自然生态系统，使缓冲区的功能几乎消失，导致许多河流出现多

① Liu Y，Chen W，Li D，et al. Cyanobacteria-/cyanotoxin-contaminations and eutrophication status before Wuxi drinking water crisis in Lake Taihu，China［J］. Journal of Environmental Sciences，2011，23（4）：575-581.

② 徐斌，夏四清，高廷耀．应用悬浮填料预处理微污染原水的影响因素探讨［J］. 上海环境科学，2002（12）：738-741.

年生的黑臭现象。此外，部分河流的沉积和人工堵漏现象已非常严重，导致河床高度升高，河道面积和蓄水量减少，使河道的水力状况恶化，导致藻类浓度过高，水体出现臭味，进一步产生黑臭现象①。

（二）形成机制

1. 致黑机制

城市河流中的黑色物质由黑色金属沉淀物和棕色、绿色或其他颜色的沉淀物共同组成。而固态或吸附于悬浮颗粒的不溶性物质和溶于水的带色腐殖质类有机物则是导致水体变黑的主要原因。据报道，上覆水中存在的金属硫化物，如硫化亚铁（FeS）和硫化锰（MnS）是导致水体变黑的主要不溶物质，它们分别由 Fe^{2+} 和 Mn^{2+} 与 S^{2-} 结合形成②。在一项关于藻类引起黑臭水的研究表明，溶解的 Fe^{2+} 和 Mn^{2+} 的浓度最高分别达到 0. 326 mg/L 和 0. 196 mg/L。相比之下，在不受黑臭现象影响的水体中，通常 Fe^{2+} 浓度低于0. 05 mg/L。此外，多项研究表明硫化铜和硫化汞也是与导致水体变黑相关的关键物质。③ 铁硫化合物的形成如图 4-1 所示。有机硫和硫酸盐被分解为 H_2S 和 SO_4^{2-}，而后 SO_4^{2-} 与铁、锰等金属离子形成黑色沉淀。除无机盐之外，有学者还从光学角度研究了黑臭气体，并提出发色团溶解有机物（Colored Dissolved Organic Matte，CDOM）也有助于使水体变黑的结论④。CDOM 是溶解有机物（Dissolved Organic Matte，DOM）的一个组成部分，从腐烂的大型植物中滤出，由光学活性物质组成，如氨基酸、腐植酸和芳香蛋白。此外，当有机物浓度达到 1. 0 g/L 时，特别是含硫有机物存在时，水体会快速变黑。

---

① Hishida Y，Ashitani K，Fujiwara K. Occurrence of musty odor in the Yodo River［J］. Water Science and Technology，1988，20（8-9）：193-196.

② Wang G，Li X，Fang Y，et al. Analysis on the formation condition of the algae-induced odorous black water agglomerate［J］. Saudi Journal of Biological Sciences，2014，21（6）：597-604.

③ Gaur V K，Gupta S K，Pandey S D，et al. Distribution of heavy metals in sediment and water of river Gomti［J］. Environmental Monitoring and Assessment，2005，102（1）：419-433.

④ Duan H，Ma R，Loiselle S A，et al. Optical characterization of black water blooms in eutrophic waters［J］. Science of the Total Environment，2014，482：174-183.

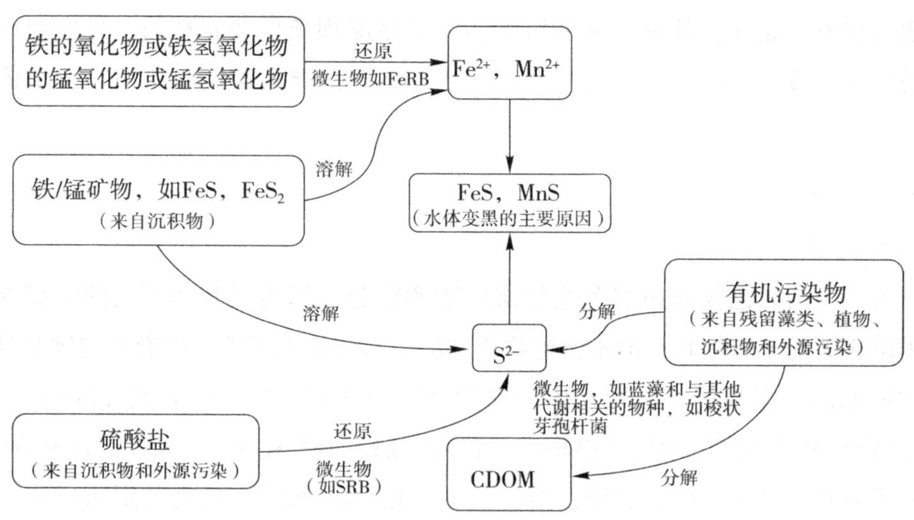

图 4-1 水体发黑主要机制示意图

2. 致臭机制

氮、碳和硫元素是造成城市水体恶臭的三大主要非金属元素，这三种元素通过形成挥发性化合物使水体致臭，如硫化氢、有机硫化物、氨气、胺、短链脂肪酸和甲烷等。其中，挥发性硫化物（Volatile Organic Sulfur Compounds，VOSCs）在很大程度上是导致水体变臭的主要原因，如甲硫醇（Methanethiol，MTL）、二甲基硫（Dimethyl Sulfide，DMS）、二甲基二硫（Dimethyl Disulfide，DMDS）和二甲基三硫（Dimethyl Trisulfide，DMTS）。MTL、DMS、DMDS 和 DMTS 的气味阈值分别定义为 0. 15 ng/L、0. 3～1. 0×10^3 ng/L、0. 2～5 ng/L 和 10 ng/L。当 VOSCs 的浓度超过这些阈值时，水体开始产生恶臭。在严重黑臭的水体中，VOSCs 的浓度可高达几百纳克/升，导致强烈的恶臭气味排放。此外，β-环柠檬醛和 β-紫罗兰酮也是有臭味的挥发性有机化合物，但它们的环境浓度较低，对形成臭味的贡献小于硫醇和硫醚，气味阈值分别为 19 ng/L 和 7 ng/L。除含硫化合物之外，有机胺 5-戊二胺和腐胺等含氮化合物也会产生臭味，主要由微生物水解蛋白产生。Liang 等①在黑臭水体中检测到微量的挥发性烷基化胺，包括甲胺、二甲胺、三甲胺、乙胺、丙胺和丁胺。土臭素则是水体厌氧或高浓度营养盐时由微生物分解产生的含碳化合物，包括乔司脒（$C_{12}H_{22}O$）和 2-二甲基异莰醇（$C_{11}H_{20}O$），是水体发臭的主要物质之一。此外，由于挥发性脂肪酸（Volatile Fatty Acids，VFA）的释放，不含任何硫或氮成分的有机物也会散发恶臭②。

---

① Liang Z，Siegert M，Fang W，et al. Blackening and odorization of urban rivers：a bio-geochemical process［J］. FEMS Microbiology Ecology，2018，94（3）：180.

② Pham T N，Nam W J，Jeon Y J，et al. Volatile fatty acids production from marine macroalgae by anaerobic fermentation［J］. Bioresource Technology，2012，124：500-503.

（三）危害

1. 破坏水体生态系统

水体黑臭是一种极端环境，水体黑臭时，水体呈厌氧或缺氧状态，自净能力减弱或基本丧失，溶解氧含量极低，导致鱼虾及其他水生生物生长繁殖受限，并且当黑臭程度严重时，甚至会出现鱼虾大量死亡的现象。

2. 破坏城市景观

河道是城市重要的组成部分。城市河道黑臭，水体呈现黑色，使城市景观受到破坏，影响城市的美观，不利于城市的发展。

3. 危害居民健康

城市河道形成黑臭水体并散发臭味，使居民家中窗户紧闭，造成室内空气不流通，导致河道周边居民居住环境恶化。此外，黑臭水体散发的 H_2S、NH_3 等气体对人体健康产生危害，威胁周边居民健康。

三、黑臭水修复技术

（一）物理修复技术

常用的物理修复技术有人工曝气和底泥疏浚等。因为黑臭水体的基本特征是极低的溶解氧水平，人工曝气可提高水中溶解氧浓度，促进与有机物结合去除相关的细菌增殖，影响氮转化途径。然而，这也会导致沉积物再悬浮，并促进内源氮的释放。由于高能耗和相对较低的效率，该技术逐渐不再使用①。底泥疏浚则是将沉积物及其中的污染物彻底移出水体，这是解决黑臭水体的最有效途径，见效快且效果明显。但该技术难以保持生态系统的稳定，极易造成二次污染，从可持续发展的角度看，该技术正在被淘汰。

（二）化学修复技术

化学修复技术包括化学絮凝、氧化和沉淀三种。无机混凝剂（如铁盐、铝盐）、氧化剂（如过氧化氢、过氧化钙）和沉淀剂（如生石灰）是常用的化学药品。这些方法已被证明可以通过去除目标污染物（如悬浮物、溶解性磷和氮）提高水的透明度。潘碌亭等②使用改性铝盐和改性钙盐组合修复污染河流。孙淑云等③结合复合壳聚糖（Chitosan，CTS）和聚合氯化铝（Polyaluminum Chloride，PAC）有效去除了水体浊度和气味物质，而

---

① He Z，Huang R，Liang Y，et al. Index for nitrate dosage calculation on sediment odor control using nitrate-dependent ferrous and sulfide oxidation interactions［J］. Journal of Environmental Management，2018，226：289-297.

② 潘碌亭，吴蕾，屠晓青．化学氧化絮凝技术在强化处理受污染河水中的应用［J］．环境工程学报，2007（9）：54-57.

③ 孙淑云，古小治，张启超，等．水草腐烂引发的黑臭水体应急处置技术研究［J］．湖泊科学，2016，28（3）：485-493.

PAC 和聚丙烯酰胺（Polyacrylamide，PAM）联合处理黑臭水更有利于提高溶解氧浓度。

此外，硝酸盐的投入已被证明是一种成功且经济有效的原位修复方法，硝酸盐可以作为电子受体，刺激自养反硝化物种氧化酸化挥发性硫化物（Acidified Volatile Sulfide，AVS），如硝酸盐还原硫氧化细菌（Nitrate Reducing Sulfur Oxidizing Bacteria，NR-SOB）、反硝化硫杆菌和反硝化硫单胞菌。通过向沉积物添加硝酸盐，这些细菌可以将被还原的硫离子和亚铁离子分别氧化成硫酸盐和氢氧化铁，同时还原硝酸盐。沉积物微生物群落由 SRB 优势群落转化为硝化还原菌（Nitrifying Reducing Bacteria，NRB）或 NR-SOB 优势群落。

（三）生物修复技术

生物修复技术是一种利用微生物、原生动物和植物对污染物进行生物吸收、转化和去除的处理技术，主要包括微生物强化技术和基质/填料强化净化技术等。生物修复技术由于其成本低、效果好和对环境干扰小的优点，已成为环保领域的研究热点。微生物制剂在对污染水的处理中起着重要的作用，Gao 等①利用 HP-RPe-3 复合微生物制剂（国家专利号为 2017114193785）直接去除上覆水和沉积物中的 NH_4^+-N，成功消除了城市河流中的黑水和臭水现象。Pan 等②将曝气与生物膜技术相结合，有效地去除了城市污染河流中的氮。水生植物在人工浮岛和人工湿地工程中得到应用，人工浮岛和人工湿地与水生植物相结合，已普遍用于处理富营养化湖泊等污染水体。基质/填料强化净化技术利用生长在基质或填料上的微生物或水生植物，通过基质或填料的物理和化学特性强化生物净化。

生物修复技术经济、有效、简单和方便，已在世界范围内得到较好的应用。

（四）生物生态工程修复技术

生物生态工程修复技术包括自然景观与人文景观的协调、人工调节辅助的水生动物自然恢复、底栖浮游生物的恢复、水下植物为主的水生植物的恢复、河流缓冲区的修复和生态护坡。由于引发黑臭水污染的原因较复杂，单一的修复方法很难完全修复被污染的水质，因此，根据不同水体的具体情况，将各种处理技术相结合，实现各自的功能是目前最可靠的方法。Sheng 等③依次将曝气、微生物、曝气生物滤池、人工生物膜和生态浮床联合处理重污染河流，Xiao 等④依次连接微生物处理、生物膜和漂浮水生植物过滤方法，对

---

① Gao H，Xie Y，Hashim S，et al. Application of microbial technology used in bioremediation of urban polluted river：a case study of Chengnan River，China［J］. Water，2018，10（5）：643.

② Pan M，Zhao J，Zhen S，et al. Effects of the combination of aeration and biofilm technology on transformation of nitrogen in black-odor river［J］. Water Science and Technology，2016，74（3）：655-662.

③ Sheng Y，Qu Y，Ding C，et al. A combined application of different engineering and biological techniques to remediate a heavily polluted river［J］. Ecological Engineering，2013，57：1-7.

④ Xiao J，Chu S，Tian G，et al. An Eco-tank system containing microbes and different aquatic plant species for the bioremediation of N，N-dimethylformamide polluted river waters［J］. Journal of Hazardous Materials，2016，320：564-570.

污染河流进行有机处理。结果表明，这些组合方法的使用可使CODcr和NH_4^+-N的去除率提高到70%以上，对TP的去除率可达50%以上。

综合考虑我国基本国情和复杂的城市发展状况以及水、土壤和空气污染等环境问题，发现我国在污染治理方面仍处于发展阶段，迫切需要针对我国环境现状，制定可持续、低能耗和高效率的治理技术。

四、具有净水功能的微生物

（一）芽孢杆菌

芽孢杆菌（*Bacillus* spp.）是普遍存在的一类好氧性细菌。比如，革兰氏染色呈阳性，大多数为芽孢杆菌属，在其生命过程中能以孢子体形式存在，易于生产和保存，能分泌出多种活性很强的胞外酶（如蛋白酶、淀粉酶和半纤维素水解酶等），这些酶类可把水中及底泥中的蛋白质、淀粉、脂肪等有机物分解、吸收，有降低水体富营养化和清除底泥的作用，芽孢杆菌还可以通过消灭病原体或减少病原体的影响来改善水质①。

刘树彬等②探讨枯草芽孢杆菌HAINUP40对模拟废水及养殖废水的水质净化作用，试验结果显示，枯草芽孢杆菌HAINUP40可显著降低水体中的亚硝酸盐及氨氮和化学需氧量，具有较好的水质净化效果。丁祥力等③从养殖场底泥中筛选到一株枯草芽孢杆菌，并证明其对在鱼塘中的COD、氨氮、亚硝酸盐、硫化物等污染物具有显著的去除效果。张睿等④探讨枯草芽孢杆菌对铜绿微囊藻（Microcystis Aeruginosa）的抑制效果，证明枯草芽孢杆菌不同生长时期的滤液对铜绿微囊藻的生长均有抑制效果，其中，稳定期滤液对藻的去除效果最佳，即细菌滤液严重影响铜绿微囊藻光合作用，使其光合色素含量降低；枯草芽孢杆菌对铜绿微囊藻的抑制效果是通过分泌胞外物质实现的，且该物质具有很强的热稳定性。毛涛等⑤采用固定化枯草芽孢杆菌净化池塘水，结果显示COD显著降低，氨氮含量降低，pH值稳定并且可抑制弧菌的增长，可有效改善池塘水质。

（二）光合细菌

光合细菌能在厌氧光照条件下降解污水中的有机物、硫化物和氨等污染物。具体机理

---

① 陈尚智．枯草芽孢杆菌的固定及其对微污染水体的净化研究［D］．广州：华南理工大学，2011.

② 刘树彬，王新锐，林壮其，等．枯草芽孢杆菌HAINUP40水质净化作用的研究［J］．水产科学，2018，37（2）：159-166.

③ 丁祥力，王震，陈薇，等．枯草芽孢杆菌WH-5的分离鉴定及净水研究［J］．湖南农业科学，2012（1）：15-19.

④ 张睿，王广军，李志斐等．枯草芽孢杆菌对铜绿微囊藻抑制效果的研究［J］．中国环境科学，2015，35（6）：1814-1821.

⑤ 毛涛，袁科平，韦扬帆．固定化枯草芽孢杆菌净化池塘养殖水体的效果［J］．江苏农业学报，2014，30（6）：1355-1359.

为在厌氧条件下，光合细菌分泌胞外蛋白酶（Extra Cellular Protease，ECP）将污水中的大分子有机氮水解为小分子氨基酸，在脱氨基作用下生成氨氮，生成的氨氮和污水中原有的氨氮作为光合细菌生长繁殖过程的氨氮源，被同化为菌体的一部分。某些具有反硝化作用的光合细菌以污水中的硝酸盐或亚硝酸盐作为最终电子受体，同时利用外界简单有机物（如乙酸、氨基酸和糖类等）对供氢体进行反硝化作用。而在有氧环境下，由于没有反硝化作用，光合细菌的脱氮作用会受到抑制，此时光合细菌直接消耗污水中的有机物作为呼吸基质，消耗氨氮合成细胞原生质，从而降低污水中氨氮的含量①。

刘双江②采用光合细菌控制水体中亚硝酸盐，结果显示在养殖池塘中施用该菌株制成的菌剂，池塘中亚硝酸盐浓度下降 50%~80%。宫兴文等③以玉垒菌和光合细菌作为水质改良剂对养鳖池水质进行改良研究，结果说明 S_{30} 和光合细菌（*Photosynthetic Bacteria*，PSB）可增加水体 DO、降低 COD、NH_3-N 和稳定 pH 值。Madukasi 等④通过分离筛选得到红假单胞菌（*Rhodop Seudomonas*），并研究了红假单胞菌对豆制品废水和制药废水的净化作用，采用气相质谱联用技术，分析表明废水中的高分子难分解化合物可通过生物降解转化为毒性较低的和对环境危害较小的低分子量物质。Lu 等⑤研究了类球红细菌（*Rhodobacter Sphaeroides*）对豆制品废水的生物降解作用，在缺氧无光的自然条件下能有效降解废水中的高分子化合物，72 小时后 COD 降低 95.7%，大分子减少而小分子增加，起到净化水质的作用。光合细菌在重金属废水处理方面也有广泛的研究。Feng 等⑥研究了不同 pH 值条件下光合细菌对 Au^{3+} 的去除率，发现当 pH = 1.0 时，荚膜红细菌（*Rhodobacter Capsulatus*）对 Au^{3+} 的去除率大于 90%。郭凌⑦发现光合细菌球形红细菌（*Rhodobacter Sphaeroides*）可以缓解 Cu^{2+} 对盆栽油菜幼苗生长的抑制作用，减少油菜及小麦幼苗体内铜离子的含量，并能减缓镉对油菜及小麦幼苗生长的抑制作用。

（三）硝化细菌

硝化细菌在自然界氮循环系统中扮演着重要的角色。硝化细菌是原核生物，属于自养型细菌，包括两种代谢群：亚硝酸菌属（*Nitrosomonas*）和硝酸菌属（*Nitrobacter*）。两类

---

① 曹攀．光合细菌脱氮除磷机理及应用研究［D］．成都：四川师范大学，2010.

② 刘双江．采用光合细菌控制水体中亚硝酸盐的研究［J］．环境科学，1995，16（6）：21-32.

③ 宫兴文，蔡完其，马江耀．玉垒菌（S30）和光合细菌（PSB）对温室养鳖池水质改良作用的研究［J］．中国水产科学，2000，7（2）：116-118.

④ Madukasi E I，Chunhua H，Zhang G. Isolation and application of a wild strain photosynthetic bacterium to environmental waste management［J］．International Journal of Environmental Science & Technology，2011，8（3）：513-522.

⑤ Lu H，Zhang G，Dai X，et al. Photosynthetic bacteria treatment of synthetic soybean wastewater：direct degradation of macromolecules［J］．Bioresource Technology，2010，101（19）：7672-7674.

⑥ Feng Y，Yu Y，Wang Y，et al. Biosorption and bioreduction of trivalent aurum by photosynthetic bacteria *Rhodobacter capsulatus*［J］．Current Microbiology，2007，55（5）：402-408.

⑦ 郭凌．光合细菌在防治重金属对农作物污染中的作用及机理研究［D］．太原：山西大学，2007.

菌均为专性好氧菌，在氧化过程中均以氧作为最终电子受体。大多数为专性化能合成自养型，不能在有机培养基上生长。只有少数为兼性自养型，能在某些有机培养基上生长，如维氏硝化杆菌（*Nitrobacterwinogradskyi*）的一些品系。周跃龙等①从南昌市河流及底泥中分离筛选出的硝化菌菌株 XH3 对亚硝酸盐氮的降解能力最高达到 100%，亚硝化菌 YH3 对氨氮的降解能力最高达到 82.75%，聚磷菌 JP2 对总磷的降解能力最高达到 58.57%。郑彭生等②从污水处理厂好氧段活性污泥中富集亚硝化细菌，经过 5 代选择性培养，筛选到亚硝化单胞菌，经过驯化可用于高氨氮污水的处理。

（四）酵母菌

人类最早利用酵母菌（Yeast）的发酵能力进行酿酒。1978 年 Yoshizawa③ 将酵母菌应用在污水处理中，此后酵母菌对多种废水的独特处理功效和应用价值逐渐被人们发掘。酵母菌能分泌多种特殊的酶，大分子有机物在水解酶和糖酵解途径的作用下先分解为小分子再转化为丙酮酸。当水体缺氧时，丙酮酸经过酵母菌厌氧发酵转化为乙醇并产生大量 ATP；而在好氧状态下，丙酮酸通过有氧呼吸转化为乙酰辅酶，再由三羧酸循环彻底分解为 CO_2 和 H_2O，同时产生大量 ATP，酵母菌利用这些能量同化有机物合成细胞物质以及增长繁殖。

郑少奎等④用酵母菌成功处理了高浓度色拉油加工废水，24 h 内 COD 和油的去除率分别在 94%和 98%以上。宋凤敏等⑤以 3 种耐酸的酵母菌为混合酵母菌群处理皂素生产废水，在 pH 值为 4.5~5.5、溶解氧为 4.5 mg/L、酵母菌接触氧化池的单池水力停留时间为 12 h 的条件下，COD 去除率超过 70%，并且回收的酵母干菌稳定在 8.3 g/L 以上。吕文洲等⑥利用含有 8 种酵母菌的混合菌群直接在序批式反应器中净化油脂碱炼废水，通过 30 d 连续运行，COD 和油去除率分别高达 86.8%和 99.5%以上。郑志伟等⑦利用产朊假丝酵母菌对高浓度果汁废水进行好氧生化降解试验，设计正交试验得到最佳控制参数为在 pH 值为 5.0、温度 30℃条件下处理 48 h 后，此时果汁废水 CODcr 去除率可高达 94.2%以上，并且

---

① 周跃龙，胡美丹，汪新强，等．固定化硝化细菌与聚磷菌对南昌市内河流水污染物降解的研究［J］．水资源与水工程学报，2018，29（1）：75-78.

② 郑彭生，吴雪茜，周如禄，等．处理高氨氮废水亚硝化细菌培养实验研究［J］．水处理技术，2018，44（2）：60-62.

③ Yoshizawa K. Treatment of waste-water discharged from sake brewery using yeast［J］. Ferment Technol，1978，56：389-395.

④ 郑少奎，杨敏，刘芳．利用酵母菌处理色拉油加工废水连续小试初探［J］．中国环境科学，2001，24（4）：347-350.

⑤ 宋凤敏，呼世斌．酵母菌生物接触氧化工艺处理皂素生产废水研究［J］．西北农林科技大学学报：自然科学版，2005，33（12）：112-114.

⑥ 吕文洲，刘英，黄亦真．酵母菌-SBR 法处理油脂碱炼废水研究［J］．环境科学，2008，29（4）：966-970.

⑦ 郑志伟，呼世斌，贺小荣，等．酵母菌处理高浓度果汁废水的研究［J］．西北农业学报，2008，17（2）：309-312.

回收酵母细胞蛋白 2.8 g/L。丁杰等①从含酚废水污泥中得到一株假丝酵母菌，通过试验表明，当苯酚质量浓度不超过 1 500 mg/L 时，降解 30 h，可将绝大多数苯酚降解。

复合微生物菌剂通过几种不同类型的微生物共同作用来降解污染物，目前被广泛应用于水产养殖业，主要用于改善养殖水质。施安辉等②将从水产养殖的优良水质中分离到的光合细菌（RP. palustris，RP. gelatinosa，RP. sphaeroides 和 RP. viridis）、枯草芽孢杆菌（B. subtilus）和乳酸链球菌（S. lactis）制成复合微生物菌剂后，用于养鱼池水质改善试验，降低了水体中的 COD、氨氮和亚硝酸盐，改善了水质。

随着各种环境问题的出现，微生物菌剂逐渐在污水净化方面发挥重要作用。卫明等③应用微生物技术对长宁区某黑臭河段进行生态修复，在无法完全截污的边界条件下，实现了河道消除黑臭的目标，结果证明应用微生物技术对城市黑臭河道进行生物修复，在技术上是切实可行的。王琨等④在河道模型中的黑臭水治理效果的研究表明，相对于水生植物而言，微生物处理黑臭水效果更为明显。大量的研究证明，微生物在黑臭水体治理中有广泛的应用前景。汪红军等⑤用生物复合酶污水净化剂对北京城市河流的 3 个黑臭水体河段进行修复，历时 145 d，累计投加 1 538 kg 净化剂后，COD 稳定在 40 m/L 左右，NH_3-N 维持在Ⅲ类水标准以上，水体透明度大幅度提高，黑臭现象消除。杜聪等⑥探究以乳酸菌、酵母菌和丝状菌复合而成的微生物菌剂对河道黑臭水的生物修复作用，试验结果显示 COD、TN 和 NH_4^+-N 的去除率分别可达 87.37%、90.7%和 95.24%，同时还可以减少河道底泥，抑制有害微生物生长繁殖，逐渐恢复水体生物多样性。

综合而言，生物修复中微生物对污染物的降解起主要作用，针对受污染河流等水体的特点和治理技术工程实施的可行性，采用微生物原位修复技术则更具有经济和技术合理性。

五、微生物菌剂在水污染修复中的应用

微生物菌剂在污染水处理中的应用已有很长的历史，它是一种利用特殊的微生物去除

① 丁杰，郝艳，孟繁华，等．假丝酵母菌对高浓度苯酚的降解效果及 SDS 对其生长影响［J］．环境监测管理与技术，2018，30（1）：65-67.

② 施安辉，卞建平，韩璠修，等．高效水质净化剂菌种的选育、制剂研制及应用［J］．中国酿造，2010（2）：54-56.

③ 卫明，冯坤范，赵政．应用微生物技术对城市黑臭河道实施生态修复的试验研究［J］．上海水务，2006，22（1）：18-21.

④ 王琨，王慧玲，孙小磊，等．微生物与植物在河道模型中的黑臭水治理效果［J］．环境科学与技术，2012，35（6）：126-129.

⑤ 汪红军，胡菊香，吴生桂，等．生物复合酶污水净化剂处理黑臭水体的研究［J］．水利渔业，2007，23（1）：68-70.

⑥ 杜聪，冯胜，张毅敏，等．微生物菌剂对黑臭水体水质改善及生物多样性修复效果研究［J］．环境工程，2018，36（8）：6-12.

环境污染物的生物修复技术，该方法经济有效、简单方便，已在世界范围内获得广泛的应用。微生物菌剂主要可分为外来微生物和土著微生物两种，并且具有针对性、有效性、经济性和高活性等特点，在景观水、城市污水和河道治理上都有较好的运用。姚舒欣①利用曝气与微生物菌剂结合的方法处理黑臭水，探讨不同菌剂投加量对处理效果的影响。曲萌②从黑臭水沉积物中筛选了好氧反硝化菌和高效 COD 去除菌，与除磷菌和除臭菌复配用于处理黑臭水体。黄菲菲③从环境水体和沉积物中筛选 COD 去除菌和光合菌，并与氨氮吸收藻类结合处理黑臭水体。赵志萍④将从黑臭水中筛选得到的高效去除菌和 EM 菌结合修复黑臭水体，对 COD、氨氮和可溶性磷均有较好的处理效果。

六、微生物与填料在水污染修复中的应用

传统的生物修复技术是指使用游离微生物对水污染物进行去除，但游离微生物生物量较低，导致去除污染物效果不明显。因此，将微生物固定到填料表面可以起到增加单位体积微生物丰富度、保持微生物活性和保障微生物远离有毒环境因子危险的作用，这也是解决游离微生物缺陷的有效方法。目前用填料固定微生物菌剂的研究较常见，而人工水草与微生物菌剂组合技术的研究还较少。王颖⑤利用反硝化菌和铁碳填料组合技术修复黑臭水体和底泥，对底泥和上覆水的 CODcr、NH_4^+-N、TN 和 TP 均有较好的去除效果，修复后水体达到地表水Ⅳ类水。林舒康⑥利用沸石和活性炭固定的方法从黑臭河道沉积物中筛选出光合细菌，去除黑臭河流上覆水和沉积物的污染物。涂玮灵⑦利用反硝化菌剂和碳素纤维水草组合技术修复黑臭水体，发现其对水体 CODcr、NH_4^+-N、TN 和 TP 的去除率均高于单独投加菌剂组。俞国钦等⑧利用人工水草和菌藻生物膜技术去除水体中的氮和磷。解玉洁⑨利用玄武岩纤维填料和厌氧氨氧化菌进行脱氮研究。

第二节　微生物菌剂在有机废水处理领域的应用

随着污水处理技术的不断发展，我国有机废水的处理取得了巨大进步，但是传统有机

---

① 姚舒欣．曝气联合强化微生物技术对黑臭水体水质的影响研究［D］．重庆：重庆大学，2018.

② 曲萌．黑臭水体净化菌剂的构建及其生物强化效能［D］．沈阳：辽宁大学，2019.

③ 黄菲菲．组合微生物对黑臭水的净化研究［D］．武汉：华中师范大学，2012.

④ 赵志萍．河流黑臭水体的微生物修复研究［D］．咸阳：西北农林科技大学，2007.

⑤ 王颖．铁碳微电解耦合反硝化菌削减河道黑臭底泥污染物及净化水质的研究［D］．广州：华南理工大学，2019.

⑥ 林舒康．固定化微生物原位修复黑臭水体底泥的应用研究［D］．扬州：扬州大学，2018.

⑦ 涂玮灵．反硝化菌剂对黑臭河道底泥的修复效果及条件优化研究［D］．南宁：广西大学，2014.

⑧ 俞国钦，顾建利，黎佳梅．人工水草—藻菌生物膜技术的应用研究［J］．环境与发展，2019，31（10）：76-78.

⑨ 解玉洁．基于玄武岩纤维填料的厌氧氨氧化菌快速富集及其脱氮性能研究［D］．镇江：江苏大学，2020.

废水处理技术仍然有很多不足之处。因此，研究一种高效有机废水处理微生物制剂用于水体原位净化，是一项很有前景的污水处理技术研究。

一、有机废水简述

随着社会经济的发展，人们生活水平的不断提高，大量的生活污水、食品加工和造纸等工业废水排放到环境中。这些废水中含有大量的淀粉、蛋白质、油脂和纤维素等物质，对环境造成了很大危害。有机废水就是以有机污染物为主的废水，而有机污染物排放到水体环境中易造成水质的富营养化，危害较大。有机废水中的部分污染物质被称为耗氧污染物，通过微生物的代谢作用而降解，在降解的过程中需要消耗氧气①。有机废水中污染物成分复杂，有机物浓度高，有机废物氧化降解过程会消耗大量的氧气，降低水体中的溶氧浓度，且废水中部分高毒性物质直接危害水体生物，对环境和人类的健康危害很大。按照生物降解程度，有机废水可分为三大类：一是容易被生物代谢所利用而降解的废水；二是水体中污染物可以被降解，但其中含有对生物有害物质的废水；三是水体污染物难被生物降解并且含有生物毒性物质的废水②。

二、有机废水处理方法

水体自净是指被污染的水体，在物理、化学和水体中生物作用下降解水体中的污染物质，使污染成分进行稀释、扩散、分解或沉淀，使在水体中的污染物浓度逐渐下降，以达到水体净化的目的。在自然环境中的水体自身都具有一定的自净能力，即当有机废物被排入水中后，水体自身就开始了净化过程。然而，水体的自净能力是有限的，当排放到水体的污染物浓度超过某一界线时，仅靠水体的自净能力是无法将污染水体净化干净的，会引起水体永久性污染，这时就需要外界的废水处理技术来辅助净化污染水体。具体而言，有机废水水体中含有大量的脂肪、蛋白和纤维素等有机物，超过了水体自净能力，因此需要人工辅助对废水进行净化处理。有机废水处理方法按照处理原理可以分为物理处理方法、化学处理方法和生物处理方法，按照是否更换处理位置可以分为原位水体净化技术和异位水体净化技术。

（一）物理处理方法

物理法处理有机废水通常是利用物理原理，将有机污染物进行分离转移，降低水中污染物浓度，从而达到净化水体的目的。物理处理法主要包括吸附法、混凝法和膜处理法

① 王明星，廖昌建．高浓度有机废水生物处理技术［J］．当代化工，2011，40（8）：820-823.

② 敬璇，李正山．高浓度有机废水处理技术研究进展［J］．成都大学学报：自然科学版，2012，31（1）：85-89.

等。焦涛[①]采用超滤+纳滤工艺处理印染废水，通过改变废水中盐的种类和废水的 pH 值，分析了相关因素对废水处理效果的影响，实验表明，废水 COD 和 TOC 的总去除率都在 80%以上，脱盐率约为 94%。污水的物理处理方法需要采用特殊方法进行反应，并且处理过程需要在特定的条件下进行，因此利用该方法处理有机废水的费用较高，处理工艺复杂，流程长，运行过程维护也不便。

（二）化学处理方法

化学处理法是向污染水体中添加化学试剂，使试剂与废水中的污染物进行化学反应，从而将有机废物转化为无害或者低害物质的方法，目前主要使用的是各种氧化法。其中，化学氧化法通常是利用臭氧、氯及含氧化合物等氧化剂将废水中的有机污染物进行氧化去除，如 Fenton 氧化法、超临界水氧化法和电化学氧化法等。Gulkaya 等[②]研究了 Fenton 法处理地毯印染废水，当污水处理反应温度为 50℃，pH 值为 3.0 时，经过一段时间的处理，废水 COD 去除率最高可达 95%。贺文智等[③]利用超临界水氧化技术对废水中的有机污染物进行处理，研究发现在废水处理过程中会释放出反应热，在废水中的污染物含量高达 2%时，反应中无须外界供热便可实现自热，从而可以直接对废水进行处理。需要注意的是，在有机废水处理过程中，用物理和化学的方法虽然能够达到水体净化的目的，但是存在处理过程复杂、费用消耗大和污水处理过程中会对环境造成二次污染等缺点。

（三）微生物处理方法

微生物法处理有机废水主要利用微生物的代谢作用，将废水中的大分子有机物作为微生物的生长原料进而吸收转化降解，从而达到水体净化的目的。微生物法处理污水过程简单，适用的微生物将污水中的污染物质降解后会自然死去，不会给环境带来二次污染。微生物处理废水根据是否需要氧环境可以分为以下三种方法。

1. 厌氧污水处理方法

厌氧污水处理方法，即在厌氧条件下，利用微生物的厌氧代谢将污水中的废物分解转化为其他物质（如甲烷和二氧化碳）的复杂过程，也称为厌氧消化。利用该方法净化水体时，需要为厌氧微生物提供严格的无氧环境，然后由厌氧微生物将水体中的有机废物分解转化成 CO_2 和 CH_4 等物质。厌氧处理方法大致分为三个阶段：第一阶段是水解阶段，高分子有机物因相对分子量较大，不能直接穿过细胞膜进入细胞内部被微生物利用，只能被

① 焦涛．超滤+纳滤工艺在高盐印染废水处理中的应用及脱盐效果分析［J］．环境科技，2010，23（6）：4-7.

② Gulkaya I，Surucu G A，Dilek F B. Importance of H_2O_2/Fe^{2+} ratio in Fenton's treatment of a carpet dyeing wastewater［J］．Journal of Hazardous Materials，2006，136（3）：763-769.

③ 贺文智，李光明，孔令照，等．基于腐蚀与盐堵塞问题的超临界水氧化研究进展［J］．环境工程学报，2007，1（5）：1-6.

微生物细胞分泌的胞外酶分解成小分子物质；第二阶段是发酵或酸化阶段，在微生物细胞中将这些小分子物质发酵转化成更简单的化合物，然后分泌到细胞外，发酵微生物绝大多数都是严格厌氧的细菌，可是通常有约1%的兼性厌氧微生物细菌存在于厌氧环境中，此类兼性厌氧菌能够将甲烷类细菌保护起来，从而免受氧分子的损害与抑制；第三阶段为产甲烷阶段，在这一阶段，一些小分子物质，如乙酸、甲酸和甲醇等物质被微生物转化成甲烷和新细菌细胞类物质，从而将污水中的有机物质无害化处理。厌氧处理法主要有升流式厌氧污泥层反应器、厌氧接触法和厌氧生物膜法等。

2. 好氧污水处理方法

好氧污水处理方法，即在有氧条件下，利用需氧微生物（包括兼性微生物）的细胞代谢作用，完成有机废物的分解，它是一种十分高效、稳定、无害化的污水处理方法。好氧废水处理方法主要有氧化塘法、活性污泥法、生物滤池及生物膜法等。其中，活性污泥法是在污水处理过程中，采用悬浮生长活性较强的好氧微生物将废水中的有机废物氧化分解掉的生物污水处理方法，是使用比较广泛的污水处理技术之一。L'Amour 等①利用活性污泥微生物处理高盐含酚污染水体，污水初始的苯酚浓度为 200 mg/L，经过 25 h 的活性污泥处理，苯酚的去除率以及矿化程度达到98%，在整个过程中没有形成有机氯化物，证实该方法适合于高盐有机废水的处理。生物膜法处理污水则是以过滤器表面作为微生物附着介质，从而形成一个主要以活性微生物为成分的生物膜，利用这些活性微生物降解废水中的污染物的方法。此方法是当有机废水与生物膜接触后，污水中的大量有机物吸附在生物膜上，产生生物性的活性污泥，从而达到降解有机物净化水体效果的一种污水处理方法。Dincer 等②研究了生物转盘法处理高盐废水的情况，处理有机废水过程中，随着转盘转速的提高，废水的处理速率增强，但是当进水的盐度和 COD 浓度升高时，废水的处理能力就会减弱。

3. 好氧/厌氧组合工艺

单独的好氧和厌氧工艺在处理有机废水时都有自身的不足，基于此，可以结合两种处理方法：对于高浓度的有机废水，先采用厌氧法进行处理，之后再采用好氧法净化水质，能取得最为理想的高浓度有机废水的处理效果。Lefebvre 等③在处理制革行业产生的废水时，利用了厌氧/好氧组合方法进行废水的处理，当污水中盐浓度为 71 g/L 时，采用单一

① L'Amour R J A, Azevedo E B, Leite S G F, et al. Removal of phenol in high salinity media by a hybrid process (activated sludge+ photocatalysis) [J]. Separation and Purification Technology, 2008, 60 (2): 142-146.

② Dincer A R, Kargi F. Performance of rotating biological disc system treating saline wastewater [J]. Process Biochemistry, 2001, 36 (8-9): 901-906.

③ Lefebvre O, Vasudevan N, Torrijos M, et al. Anaerobic digestion of tannery soak liquor with an aerobic post-treatment [J]. Water Research, 2006, 40 (7): 1492-1500.

的厌氧生物处理方法，水体的 COD 去除率为 78%，而采用组合处理方法后废水的 COD 去除率提高到了 96%。吕宝一等①研究了处理过程的生物膜上的活性微生物以及运行指标，对上海某肠衣厂的高盐废水处理过程中利用两阶段 A/O（anaerobic/oxic）接触氧化法的处理效果进行了分析。试验结果显示，处理工艺中水体的氨氮和 COD 去除率分别高达 87.5%和 96%，其中，水体总氮去除率为 59.4%。该处理工艺对含高盐、高有机负荷的废水有着很好的耐受能力。综上所述，好氧/厌氧组合方法用于处理有机废水工艺，具有处理效果稳定、污水净化程度好、处理工艺效率高，以及易于操作管理等显著的优点。

微生物法处理有机废水过程中，无论是用什么方法，污水处理过程中微生物都起着至关重要的作用。如果没有微生物的作用，这些方法的污水处理效果将大大降低。因此，筛选高效降解有机废物菌株，在微生物处理废水的过程中是至关重要的。

（四）原位/异位水体净化技术

有机废水的处理技术根据是否更换处理位置分为原位处理技术和异位处理技术。水体原位净化技术是指在原有河床或湖泊位置不变的基础上，直接利用微生物、植物、动物和酶对污染水体就地处理的净化技术。现有的水体原位净化技术有河道曝气、引水稀释、河道投菌或者加种水生植物、人工浮岛等方法，其处理过程简单、处理投资少，但是处理不够彻底。水体异位处理技术就是需要将污染水体更换位置进行处理的方法，如污水处理厂处理废水就是一种异位处理废水的方法。水体异位处理工程较大，处理麻烦，投资大，但水体处理比较彻底。

综上所述，原位处理技术相对于异位处理技术具有投资少、操作较简单、引起二次污染相对较少等优点，因而现有的河道、湖泊等污染水体的治理，利用水体原位净化技术更合适。黄民生等②利用水体原位净化技术，研究了增氧曝气设施，放养风眼莲和投加混合菌剂对绥宁河河道进行污染水体的处理。经过处理，COD 去除率达 50%以上，污染水体的黑臭情况明显好转。王淑梅等③在城市河道中安装曝气机、生物膜并投加特效菌种，经过 3 个月的处理，河道中水体 COD 去除率为 67.4%，水体氨氮去除率为 34.3%。

结合以上各种废水原位处理技术的特点以及我国国情分析，可以预见相对来说成本低、效率高和生态风险较小的水体原位净化技术在我国应该会有较好的研究和发展前景。

---

① 吕宝一，谢冰，邵春利，等．两段 A/O 生物接触氧化法处理高盐有机废水研究［J］．中国给水排水，2011，27（1）：102-104.

② 黄民生，徐亚同，戚仁海．苏州河污染支流——绥宁河生物修复试验研究［J］．上海环境科学，2003（6）：384-388.

③ 王淑梅，王宝贞，金文标，等．城市污染河流水质原位综合净化技术［J］．城市环境与城市生态，2008，21（4）：1-4.

三、有机废水处理中微生物菌剂的应用

有机废水处理微生物菌剂是指以改善水体环境状况和强化处理系统为目的，将从自然界中筛选或人工培育优化的具有特定降解功能的微生物，制成菌液、菌粉或者固定化制剂，并用于处理废水的生物菌剂。微生物菌剂除了直接使用从自然环境中筛选出的高效菌株外，人们也利用分子生物学技术对微生物进行改造优化，如基因工程菌和各种诱变菌株制作的微生物菌剂。混合微生物菌剂又被称为复合菌群、复合微生物等，由两种或两种以上的微生物组成，且微生物之间的相互作用、相互影响。而在污水处理过程中，有机废水成分十分复杂，如果仅仅使用单一的菌株处理废水可能处理效果不佳，因此在制备污水净化微生物菌剂中高效菌株的筛选和复配就十分关键。

在自然环境中微生物之间都是相互关联的，以共生、寄生和相互拮抗的方式共同生活。复合微生物菌剂在处理污水过程中，不同微生物分别利用废水中的不同物质作为营养物质，经过代谢降解该污染物，达到净化水体的目的，并且微生物之间相互影响、共同作用可以增加污水净化效率。因此，在治理污水的过程中首先最重要的就是菌株的筛选，根据废水的污染成分筛选出具有针对性的污水处理菌株，再将菌体复合以达到最佳的水体净化效果。

近些年，国内外关于这方面的研究有很多。吴定心等①将从自然环境中分离的光合细菌和芽孢杆菌微生物菌剂直接投放到武汉四美塘湖（西），治理结束后，湖水水质从劣V类恢复到V类，并且水质在投菌结束后三个月内未反弹。吕乐等②采用从北京妫水湖岸边泥土中分离纯化得到的芽孢杆菌、酵母菌、乳酸菌和放线菌与沼泽红假单胞菌（光合细菌）组成的EM（Effective Microorganisms）菌剂治理妫水蓝藻水患，发现投加EM菌剂可以使蓝藻生物量加速降低55%以上，而且能够迅速降低水体中的氨氮、亚硝酸氮、总氮和磷酸盐浓度并维持较低水平。刘广容等③驯化培养芽孢杆菌得到降解直链烷基苯磺酸钠（Linear Alkyl Benzene Sulfonic acid，LAS）的菌株，并将微生物与电动技术相结合修复武汉东湖底泥，底泥中LAS去除率达到40.5%。郭静波④研究了投加生物菌剂的石化废水处理中试装置，在进水水质中COD = 370 ~ 910 mg/L，NH_4^+-N = 10 ~ 70 mg/L，水温低于13℃

---

① 吴定心，杨文静，柯雪佳，等．利用复合微生物菌剂控制水华的治理工程试验［J］．环境科学与技术，2010（7）：10-33.

② 吕乐，尹春华，许倩倩，等．环境有效微生物菌剂治理蓝藻水华研究［J］．环境科学与技术，2010（8）：1-5.

③ 刘广容，叶春松，钱勤，等．电动生物修复湖泊底泥中直链烷基苯横酸钠［J］．环境科学与技术，2011，34（9）：59-62.

④ 郭静波．生物菌剂的构建及其在污水处理中的生物强化效能［D］．哈尔滨：哈尔滨工业大学，2010.

时，处理后出水 COD 和 NH_4^+-N 平均浓度分别在 80 mg/L 和 8 mg/L 左右。武海杰等①实验筛选高效石油降解菌，并将 L-1 菌用于处理石油废水，经过 28 d 的处理，发现石油降解率可达到 80%。高丹英等②筛选了一株沼泽红假单胞菌用于处理有机废水，COD 去除率达 75.29%~85.09%。比嘉照夫教授开发出来的高效微生物菌群，其中，EM 菌剂是主要由光合细菌、放线菌、酵母菌和乳酸菌等 10 个属和超过 80 种的微生物复合而成的微生物混合菌剂，菌剂中分解型菌株和合成型菌株都有③。但要注意，微生物直接投放到污染水体中也会造成微生物菌剂在水体中容易流失、稳定性差、启动慢、在单位体积内优势菌浓度低、生长情况不如土著微生物良好、对水体环境适应能力差等缺点。

四、固定化微生物技术及其在有机废水处理中的应用

固定化微生物的方法是从固定化酶技术发展而来的，它主要是利用物化手段将游离的微生物细胞固定在载体有限空间中的技术。固定化微生物技术不仅能够提高污水处理过程中活性微生物的细胞浓度，提高微生物污水处理的效率，而且能够反复使用，受到了国内外研究的广泛关注。

在有机废水的处理过程中，微生物固定化颗粒能够直接投加到水体中，使用方法简便，且在使用过程中可以对污水处理的高效菌株进行定量使用，以提高污水的处理效果，避免了菌株的浪费。当微生物固定于载体上用于污染水体的处理时，菌株流失现象、对水体环境适应性和反应启动能力都有了明显的增强，因此被广泛应用于有机废水的处理过程中。

（一）微生物固定化技术的主要方法

微生物固定化技术根据是否需要人工辅助可分为自固定化微生物和人工固定化微生物两类。自固定化微生物的方法有两种：一是自絮凝，微生物之间通过分子间的作用力，聚集絮凝形成具有特定结构的微生物大颗粒物质，微生物在自絮凝过程中能够形成与特定环境相适应的菌群组合形态，有利于微生物之间代谢作用的协调，更好地适应生存环境；二是吸附，即微生物利用细胞之间的作用力固定于固体表面，形成活性微生物的生物薄膜，在有机废水处理过程中该生物膜对水中的有机废水进行降解、净化水体。微生物也可在人工的辅助下固定在特异性载体上，这种固定化方法被称为微生物固定化，它是在 20 世纪

① 武海杰，张秀霞，白雪晶，等．用于石油污染土壤降解的高效降解菌的筛选及其降解条件优化［J］．环境工程学报，2014，8（3）：1229-1234.

② 高丹英，杨娇艳，王文玲，等．有机废水净化菌株的筛选及其水质改善能力［J］．环境科学研究，2010（3）：350-354.

③ 比嘉照夫．拯救地球大变革［M］．冯玉润，译．北京：中国农业大学出版社，1996.

60 年代从人工固定化酶技术上进行改善而不断发展起来的[①]，主要包括吸附法、交联法和包埋法三种。

1. 吸附法

在有机废水的处理技术发展过程中，利用吸附法固定化微生物处理废水是研究和应用较为广泛的一种微生物固定化技术。吸附法固定化微生物利用范德华力、氢键、静电作用等微生物与载体之间的作用力，将微生物固定在载体的表面上，但由于吸附法固定化微生物的作用力弱，固定化颗粒上的微生物很容易脱落，污水处理效果不是很稳定。吸附法根据固定化作用力的不同主要分为物理吸附和离子吸附两类。物理吸附是使用具有高度吸附能力的硅胶或活性炭等吸附剂，将微生物固定在其表面，达到微生物固定化的目的；离子吸附则是利用微生物和离子交换剂的相异电荷之间的作用，将微生物固定在交联剂上。离子吸附固定化微生物常用载体有硅藻土、木屑、纤维素、多孔陶瓷和磁铁矿等，具有固定化过程操作简单、条件温和易得等优点，但是固定化颗粒上的微生物易脱落。

2. 交联法

交联法固定化微生物是利用化学和物理技术使微生物细胞之间能够相互附着和交联，在固定化过程中不需要其他载体作为媒介就能够固定化微生物，也被称为无载体固定化法。其中，化学交联法是利用具有双功能或者多功能基团的醛类和胺类等交联剂，与微生物细胞之间形成共价键相互联结达到微生物固定化的目的。物理交联法是利用物理作用，在微生物培养过程中适当改变细胞培养条件，让微生物细胞之间发生直接作用而颗粒化或絮凝从而实现固定化，也是一种利用微生物自身的物理作用力形成颗粒的固定化技术。

3. 包埋法

包埋法固定化微生物是污水处理过程中最为常用的固定化方法之一。具体而言，包埋法是将微生物截留在水不溶性载体的网格空隙当中，微生物不能够透过载体的空隙，但是外部环境的小分子物质可以进入颗粒内部与微生物进行反应。在污水处理过程中，废水中的污染物可以通过载体的网格被微生物代谢掉，达到水体净化的目的。包埋法根据包埋载体和方法的不同可分为高分子合成包埋、离子网络包埋及沉淀包埋。包埋法制备的固定化微生物颗粒机械强度高，微生物浓度高，微生物不易脱落，因而在水体净化过程中反应稳定高效。

（二）微生物固定化载体的分类

固定化材料为微生物提供了必要的繁殖和居住环境，而不同的固定化微生物方法需要不同的材料作为固定化载体。微生物固定化过程中根据微生物特性选择合适的载体材料，

---

① Nikolic T, Kostic M, Praskalo J, et al. Sodium periodate oxidized cotton yarn as carrier for immobilization of trypsin [J]. Carbohydrate Polymers, 2010, 82 (3): 976-981.

是固定化微生物的一项关键技术。在选择固定化载体时，必须根据固定化颗粒使用的具体环境和微生物的生理特性进行选择。一般情况下，理想的固定化载体应该具有以下特征：一是载体生物性好，对微生物无害；二是固定化载体活性较高，能够固定大量的微生物；三是载体生物可降解，不会对环境造成二次污染；四是固定化工艺简便；五是反应过程速率高；六是固定化微生物活性高，且能长时间地重复使用；七是原料普遍，价格低廉。而水体原位净化的微生物固定化载体需要制备的固定化颗粒，具有机械强度大、对微生物和水体无毒性、可以被微生物降解、不会给水体环境带来二次污染等特点。微生物固定化载体主要分为有机载体、无机载体和复合载体等①。

1. 有机载体

微生物固定化的有机材料有海藻酸钙（Calium Alginates，Ca-alg）、聚乙烯醇（Polyvinyl Alcohol，PVA）、琼脂（Agarophyte，AG）、（Carrageenan，CA）及聚丙烯酰胺（Polyacrylamide，PAM）等，在这些材料热溶解后冷却形成凝胶的过程中，可以将微生物细胞加入其中进行混合，经过冷却成型后，微生物被固定在凝胶内部，达到微生物固定化的目的。另外，因为有机材料一般对生物无毒，且具有很好的相容性，制备固定化微生物颗粒过程简便，但是材料易被生物分解，使用过程固定化颗粒强度低，传质速率不好，因而这些固定化材料用于水体原位净化中时需要对其物理特性进行进一步改良。Ishikawa 等②研究了琼脂平板固定化产氢细菌的方法，此琼脂固定化颗粒每毫升含细菌 8 mg，将该固定化细菌用葡萄糖作底物平板垂直放置进行发酵产氢试验，试验结果显示，细菌消耗了 90%以上的底物。Behera 等③分析了海藻酸钙和琼脂固定化酵母菌生产乙醇的性能，实验结果表明，琼脂固定化微生物的效果不如海藻酸钙固定化微生物的效果好。Annadurai 等④研究了壳聚糖固定化 Pseudomonas putida（NICM 2174）处理苯酚，在菌体以苯酚为碳源营养物质处理苯酚的过程中，壳聚糖对苯酚的吸附作用对菌体苯酚降解起到了辅助作用。Mogensen 等⑤比较了硅藻土和海藻酸钙固定化啤酒酵母菌用于转变苯乙酮制备右旋-1-苯乙醇的差异，研究发现，在水的活度为 0.61 时，硅藻土固定化菌体的活性及转化率都较高，

---

① Kathiravan M N，Rani R K，Karthick R，et al. Mass transfer studies on the reduction of Cr（Ⅵ）using calcium alginate immobilized *Bacillus* sp. in packed bed reactor［J］. Bioresource Technology，2010，101（3）：853-858.

② Ishikawa M，Yamamura S，Ikeda R，et al. Development of a compact stacked flatbed reactor with immobilized high-density bacteria for hydrogen production［J］. International Journal of Hydrogen Energy，2008，33（5）：1593-1597.

③ Behera S，Kar S，Mohanty R C，et al. Comparative study of bio-ethanol production from mahula（Madhuca latifolia L.）flowers by Saccharomyces cerevisiae cells immobilized in agar agar and Ca-alginate matrices［J］. Applied Energy，2010，87（1）：96-100.

④ Annadurai G，Rajesh Babu S，Mahesh K P O，et al. Adsorption and bio-degradation of phenol by chitosan-immobilized *Pseudomonas putida*（NICM 2174）［J］. Bioprocess Engineering，2000，22（6）：493-501.

⑤ Mogensen J M，Nielsen K F，Samson R A，et al. Effect of temperature and water activity on the production of fumonisins by *Aspergillus niger* and different Fusariumspecies［J］. BMC Microbiology，2009，9（1）：1-12.

但初始转化率一般低于海藻酸钙固定化菌体的转化率，且细菌生长介质的 pH 值对转化率影响显著。

2. 无机载体

无机载体利用自身的多孔结构和电荷效应来吸附微生物，从而将微生物固定到载体的表面，常用的无机载体有天然沸石、多孔陶珠、红砖碎粒等。在实际使用过程中，无机载体因其材料成本低、物理强度高和使用寿命长等优点，相对于有机载体材料来说应用更为广泛。陈兵红①研究了天然沸石固定化细菌用于处理农村生活污水，结果表明对水体中的氨氮具有良好的去除效果，并且在固定化微生物处理废水过程中，氨氮的去除效果受温度、pH 值、沸石投加量和接触时间等因素影响，其中，温度是影响氨氮去除效果的最重要因素。

3. 复合载体

微生物固定化单一载体制备的固定化颗粒机械强度低、传质效率差，复合载体结合有机载体和无机载体的优点，提高了固定化颗粒的物理性能，在有机废水处理过程中的应用越来越广泛。由于单一的固定化材料有自己的优缺点，许多材料都能找到性能与之互补的材料，于是结合材料之间的特性对传统的固定化材料进行改良和修饰，制备具有各种材料优良特性的固定化微生物颗粒用于污水处理，越来越受到研究者的关注。例如，Tian 等②利用聚乙烯醇和海藻酸钠混合固定化光合细菌，以硼酸为交联剂制备固定化颗粒用于产氢的研究中，取得了很好的效果。Tamaki 等③利用了一种具有高比表面积的聚合物接枝碳纤维复合材料制作微生物燃料电池。蔡昌凤等④为了对聚乙烯醇（Polyvinyl Alcohol，PVA）固定化微球进行改良，制备了添加麦秸、粉末活性炭、稻草粉末和颗粒活性炭新型固定化小球，利用扫描电镜观察表明，加入大分子的物质能够提高固定化颗粒的传质性能，改变了原有聚乙烯醇颗粒内部结构。

（三）固定化微生物技术在废水处理中的应用

固定化微生物处理废水因其微生物密度大、反应启动快、反应速率高、处理效果好且不会给水体环境带来二次污染的优点而备受关注。Anselmo 等⑤对卡拉胶、海藻硅酸钠、

---

① 陈兵红．沸石固定化细胞处理农村生活污水中氨氮效果研究［J］．环境科学与技术，2009（7）：132-135.

② Tian X，Liao Q，Liu W，et al. Photo-hydrogen production rate of a PVA-boric acid gel granule containing immobilized photosynthetic bacteria cells［J］. International Journal of Hydrogen Energy，2009，34（11）：4708-4717.

③ Tamaki T，Hiraide A，Asmat F B，et al. Evaluation of immobilized enzyme in a high-surface-area biofuel cell electrode made of redox-polymer-grafted carbon black［J］. Industrial & Engineering Chemistry Research，2010，49（14）：6394-6398.

④ 蔡昌凤，孙菲．新型固定化生物小球的研制及其处理模拟焦化废水的脱氮特性［J］．水处理技术，2010，36（7）：74-78.

⑤ Anselmo A M，Novais J M. Degradation of phenol by immobilized mycelium of *Fusarium flocciferum* in continuous culture［J］. Water Science and Technology，1992，25（1）：161-168.

琼脂和聚乙烯酰胺等载体包埋固定化微生物降解苯酚进行了研究，同时利用聚氨酯泡沫固定化镰刀菌菌丝体用以降解苯酚。实验结果显示，固定化细胞生物量低，降解苯酚的速率比游离菌速度有较大的提高。Zhao 等①利用固定化活性污泥菌在曝气生物滤池处理含油废水，经过一段时间的处理，TOC 去除率达 78%。Shi 等②利用固定化微藻处理城市污水，经过处理，水体中的总氮和总磷的去除率达到 70%～99%。Pakshirajan 等③在旋转生物反应器接触器中利用固定化黄孢原毛平革菌处理城市有色污水，经过处理最大的脱色率达到了 83%，水体的 COD 去除率也取得了比较好的效果。Zhou 等④研究了利用吸附固定化方法将菌 B350 固定在聚氨酯海绵上，用于处理高浓度 Cu（Ⅱ）的废水。Kathiravan 等⑤研究了利用海藻酸钠包埋芽孢杆菌用于去除水体中的 Cr（Ⅵ），该包埋颗粒具有机械强度大、微生物活性高的特点。蒋宇红等⑥分析了 5 种固定化材料固定化微生物的物理性能差异。结果表明，海藻酸钠和聚乙烯醇固定化微生物颗粒效果更好，琼脂固定化颗粒的强度最差，丙烯酰胺凝胶对生物有毒性，明胶固定化颗粒的传质性能最差。Nakano 等⑦在实验中利用两种不同的固定化载体分别固定反硝化细菌和硝化细菌，并在同时使用，优化两种固定化颗粒的配比，提高反应体系中的氨氮去除率。Sekaran 等⑧利用大孔活性炭固定化芽孢杆菌处理废水中的酚类化合物，降解效果较好。Hrenovic 等⑨利用沸石化凝灰岩固定琼氏不动杆菌用于处理城市污水，结果发现其处理效果较其他细菌效果更好。但是这些包埋固定化都是对单一菌种或物质进行包埋固定，然后用于污水的净化，功能较为单一且效果较差。因此，采用水体原位净化微生物菌剂将是以后研究的热点，具体为利用混合固定化技

---

① Zhao X, Wang Y, Ye Z, et al. Oil field wastewater treatment in biological aerated filter by immobilized microorganisms [J]. Process Biochemistry, 2006, 41 (7): 1475-1483.

② Shi J, Podola B, Melkonian M. Application of a prototype-scale Twin-Layer photobioreactor for effective N and P removal from different process stages of municipal wastewater by immobilized microalgae [J]. Bioresource Technology, 2014, 154: 260-266.

③ Pakshirajan K, Kheria S. Continuous treatment of coloured industry wastewater using immobilized *Phanerochaete chrysosporium* in a rotating biological contactor reactor [J]. Journal of Environmental Management, 2012, 101: 118-123.

④ Zhou L C, Li Y F, Bai X, et al. Use of microorganisms immobilized on composite polyurethane foam to remove Cu (Ⅱ) from aqueous solution [J]. Journal of Hazardous Materials, 2009, 167 (1-3): 1106-1113.

⑤ Kathiravan MN, RaniRK, Karthiek R, et al. Mass transfer studies on the reduetion of Cr (Ⅵ) using ealcium alginate immobilized *Baeilluss* P. in Paeked bedreaetor [J]. Bioresource Technology, 2010, 101 (3): 853-858.

⑥ 蒋宇红，黄霞，俞毓馨．几种固定化细胞载体的比较 [J]．环境科学，1993 (2): 11-15.

⑦ Nakano K, Iwasawa H, Ito O, et al. Improved simultaneous nitrification and denitrification in a single reactor by using two different immobilization carriers with specific oxygen transfer characteristics [J]. Bioprocess and Biosystems Engineering, 2004, 26 (3): 141-145.

⑧ Sekaran G, Karthikeyan S, Gupta V K, et al. Immobilization of *Bacillus* sp. in mesoporous activated carbon for degradation of sulphonated phenolic compound in wastewater [J]. Materials Science and Engineering: C, 2013, 33 (2): 735-745.

⑨ Hrenovic J, Kovacevic D, Ivankovic T, et al. Selective immobilization of *Acinetobacter junii* on the natural zeolitized tuff in municipal wastewater [J]. Colloids and Surfaces B: Biointerfaces, 2011, 88 (1): 208-214.

术，在水体净化的制剂中包埋混合菌种，是多种固定化微生物协同发挥作用的一种方法。

第三节　微生物菌剂在污泥处理领域的应用

近年来，我国污泥产量不断增加，但在污泥处理方面，污泥无害化率没有得到显著提升。大量污水处理厂采用直接倾倒或简易填埋的方式进行污泥的处理，但由于我国土地资源有限，只有采取其他更安全、有效的处置方式，才能减少污泥对环境的危害和对土地资源的占用。因此，经济、简单、变废为宝、可以同时实现污泥资源化、无害化的好氧堆肥处理方式为分散式污泥的处理提供了一种有效的污泥处理处置方式。

一、城镇污泥性质及危害

（一）污泥性质

污泥主要由具有活性的微生物、微生物代谢产物、吸附在其表面难降解的或尚未分解的有机物和无机物所组成。另外，污泥中含有丰富的营养元素氮、磷、钾和微量元素锰、铜、锌等。表 4-2 显示了我国城镇污水处理厂污泥固体的典型组成①。

表 4-2　城镇污水处理厂污泥固体的典型组成

组分	初沉污泥/%		消化污泥/%		剩余污泥/%
	范围	典型值	范围	典型值	范围
总固体	5~9	6	2~5	4	0.8~1.2
挥发性固体	60~80	65	30~60	40	59~88
油脂	6~30	—	5~20	18	—
蛋白质	20~30	25	15~20	18	32~41
纤维素	8~15	10	8~15	10	—
氮（以 N 计）	1.5~4.0	2.5	1.6~3.0	3	2.4~5.0
磷（以 P_2O_5 计）	0.8~2.8	1.6	1.5~4.0	2.5	2.8~11.0
钾（以 K_2O 计）	0~1	0.4	0~3.0	4	0.5~0.7

此外，污泥含水率高，脱水性能差，且含有大量的重金属、病原菌、寄生虫、有机污染物等有害或对环境产生负面影响的物质，如不妥善处置，将会造成严重的二次污染。城镇污泥含水率和城镇污泥重金属含量的典型值如表 4-3 和表 4-4 所示。

① 高廷耀．水污染控制工程［M］．3 版．北京：高等教育出版社，2007.

表 4-3　城镇污泥的含水率

污泥种类	具体种类	含水率/%
初次沉淀池污泥	原污泥	95.0~97.5
	消化污泥	85.0~90.0
生物滤池污泥	原污泥	90.0~95.0
	消化污泥	90.0~93.0
活性污泥	原污泥	99.0~99.5
	消化污泥	97.0~98.0
化学絮凝污泥	原污泥	90.0~95.0
	消化污泥	90.0~93.0

表 4-4　城镇污泥重金属含量

污泥重金属含量/（mg/kg）			
总 Cd	总 Pb	总 Cu	总 Zn
4.87	132.04	292.06	720.00

（二）污泥对环境的危害

污泥成分复杂，含水率较高，体积庞大，同时富含大量有机物，性质不稳定，容易腐化产生恶臭，如果随意堆放而不进行有效处理，就会对环境、景观、公共卫生和人类、动物健康造成很大危害①。目前由污泥造成的危害主要包括病原微生物传播污染，N、P 等营养物质造成的水体污染，重金属污染，以及有毒有机物污染和腐化后的二次污染等方面②。

1. 病原微生物传播污染

污泥如不经过高温等消毒方法处置会含有大量的细菌和病毒等微生物，在环境中传播时可引起大范围感染，传播方式也多种多样，包括直接接触感染、食物链感染、水体传播污染及土壤—水体传播污染等。

2. N、P 等营养物质造成的水体污染

污泥富含大量 N、P 等元素。N、P 元素是植物生长必需的营养物质，但水体环境中大量的 N、P 元素很难依靠环境中的植物和微生物将其分解并完全消除，容易造成水体富营养化，破坏水生态系统的平衡，污染水体环境。

3. 重金属污染

污水中的重金属会因吸附、沉淀作用富集到污泥中。根据污水类型的不同，污泥中的

① 刘喆，任焕丽．城市污水厂污泥处理与资源化［J］．泰山学院学报，2012（6）：93-98.

② 王社平，程晓波，刘新安，等．污水处理厂污泥处理过程中的潜在危害分析［J］．市政技术，2015（2）：164-168.

重金属也有差异，有些金属的相对原子质量比较大，有些金属则会严重危害到人体的健康。同时，重金属的性质稳定，一旦进入土壤环境，不仅改变土壤中微生物菌群结构，而且通过食物链的富集和生物放大作用，会产生难以评估和预测的危害。

4. 有毒有机物污染

随着化工和材料行业的快速发展，大量的有毒有机污染物进入污水处理系统中，使污泥毒性增加。污泥中多氯二苯并二噁英（PCDDs）和多氯二苯并呋喃（PCDFs），现已成为世界上最受关注的毒性最大的有机污染物，而且由于其难以消除的性质，会对环境造成长久性的污染。大部分 PCDD/Fs 化合物不仅具有致突变性、致癌性，还会危害到生物的免疫系统和内分泌系统，甚至影响生物的生长繁殖状况。

5. 二次污染

任意堆放的污泥在腐熟过程中会产生大量的严重威胁到大气环境和群众健康的臭气，同时产生的渗滤液，若不加以注意与处理，也会再次对土壤和水体环境造成危害。

二、污泥处理处置技术

（一）污泥常用处置技术

在处理处置污泥时，应注意污泥的资源化利用问题，即在整个过程中应做到安全环保、循环利用、节能降耗、因地制宜和稳妥可靠，并最终实现减量化、稳定化、无害化、资源化的目的。

综合来看，污泥处理处置的目的主要为四个方面：一是减量化，即减少污泥的体积，污泥因高含水率从而导致体积很大，减量化通常使用机械浓缩等方法，使污泥脱水、含水率降低从而使污泥减容，方便运输和后续处理处置，进而降低处理处置成本；二是稳定化，污泥中含有大量有机物，如果直接投放在自然环境中，这些有机物在微生物的作用下，就会继续腐化分解，对环境产生危害，故须采用措施降低其有机物含量使其稳定，避免二次污染；三是无害化，通过稳定污泥中的重金属和杀灭病原菌等方式，使其达到无害化和卫生化，消除健康影响；四是资源化，即在处理污泥的过程中通过适宜的途径使其变废为宝、综合利用，如污泥造粒用于基建和污泥堆肥农用①。

污泥处理处置方法很多，常规的污泥处理处置技术主要有以下几种。

第一，卫生填埋。污泥经过脱水处理后直接进行填埋是污泥处理处置的基本方法。其优点是对设备要求简单，但总是需要花费大量运输费用和占用大量的填埋场地，并容易产生填埋渗滤液、臭气等二次污染问题，须在后期加强监控，花费更多的监测费用。

---

① 马娜，陈玲，熊飞．我国城市污泥的处置与利用［J］．生态环境，2003，12（1）：92-95.

第二，堆肥处理。污泥堆肥是现今应用较广泛的污泥处理技术，通过高温发酵，克服污泥直接农用的种种弊端。污泥在堆肥过程中，温度可达到 50~70℃，几乎可杀灭所有的病原菌，大量有机质被微生物降解为易于被作物利用的成分，增加农作物肥效，同时重金属可得到稳定处理，避免其在环境中迁移转化危害生物健康。但堆肥过程中也存在着发酵时间长、占用大量的堆场等问题。故现阶段需要研发更快速高效的堆肥技术，通过提高堆肥效率降低堆肥成本①。

第三，焚烧处理。污泥有机质含量高，具有高热值，脱水后的污泥通过添加适量的引燃物、疏松物等添加物可做成“燃料”，并用作生活锅炉、工业炉窑等辅助燃料。焚烧的优势是可迅速使污泥达到减量化，且不需要存储场地，而且无须作灭菌处理；缺点是焚烧成本高，须先对污泥脱水且对设备要求高，更重要的是，焚烧可能产生二噁英等二次污染物，严重污染大气环境。

第四，消化处理。污泥消化分为好氧消化和厌氧消化，其目的均是通过微生物的分解作用，使污泥中的有机物分解并稳定，减少二次污染。其中，厌氧消化可产生沼气等能源物质，但消化后污泥含水率仍较高，还须进一步脱水减容②。

随着研究进一步深入，在常规技术日渐成熟的基础上，污泥处理处置技术逐渐发展出一些新的处理处置技术。

第一，湿式氧化法。湿式氧化法（Wet Air Oxidation，WAO）目前被广泛应用于剩余污泥处理。其原理是在高温高压条件下，以空气中的氧作为氧化剂，在液相中将有机物分解。该技术一般可降解约 80%的 COD。但高温高压的条件限制 WAO 法应用于城市污泥厂处理剩余污泥，且因其设备复杂，运行维护成本高使该方法目前仅适用于大、中型污水处理厂③。

第二，污泥热干燥法。污泥热干燥法是污泥减容处理的新技术，干燥后的污泥可作为农用肥料。但该方法同样是基于热和压力条件的处理方法，其初期投资大，运行维护成本高④。现在常将厌氧消化技术与之结合，使用消化产生的甲烷为干燥提供热能，而干燥余热可用于维持厌氧消化，整个过程循环，实现能量的互补，但系统设备复杂，投资成本大⑤。

第三，微生物处理法。相较于物理、化学方法处理污泥，微生物处理方法的优势显而

---

① 马娜，陈玲，熊飞．我国城市污泥的处置与利用［J］．生态环境，2003，12（1）：92-95.

② 刘庆余．污水污泥的厌氧消化研究［J］．农业环境保护，1995，14（5）：231-234.

③ 孙德智．环境工程中的高级氧化技术［M］．北京：化学工业出版社，2002.

④ Fitzpatrick J. Sludge processing by anaerobic digestion and superheated steam drying［J］. Water Research，1998，32（10）：2897-2902.

⑤ Lowe P. Developments in the thermal drying of sewage sludge［J］. Water and Environment Journal，1995，9（3）：306-316.

易见，其成本相对低廉，操作简单。美国 SWEC（Stone & Webster Engineering Corporation）公司开发研制的高速生物反应器，是集污泥脱水、消化、干化为一体的污泥反应系统。整个系统分上下两个区域：上部是物料混合区，污泥在该区域被生物降解；下部是气、液分离区，增加氧的传质。该系统有机质降解率可达 70%～80%。同时，该系统可连续运行，特别适合受自然条件限制的污泥处理过程①。

现在众多学者致力于研究污泥堆肥技术，因而这种依赖于环境自净作用的人工强化技术得到了更加广泛的应用。尤其在污泥堆肥过程中接种外源微生物能够使堆肥快速进入高温期，短期内达到无害化和资源化的目的，同时部分菌群存在特定功能，如除臭、保氮等。

（二）我国污泥处理处置现状

我国污水处理事业起步较晚，污泥的处理方式不完善。目前常用的处理方法有浓缩、脱水、污泥调理及厌氧消化等技术，而对好氧消化、湿式氧化、热干燥及热解等方法还处于研究试验阶段。另外，我国污泥处理投资占污水处理厂总投资的 20%～35%，而欧美等发达国家该投资比例为 50%～70%。我国污泥处理处置费用估算如表 4-5 所示②。

表 4-5　我国污泥处理处置费用估算

项目	投资成本		运行成本	
	污泥/（万元/t）	污水/（万元/t）	污泥/（元/t）	污水/（元/t）
填埋场	3～5.5	30～55	15～30	0.015～0.03
机械堆肥厂	30	300	60	0.06
干化焚烧	35～45	350～450	500	0.5

由表 4-5 可知，填埋堆肥费用较低。追寻低成本是过去多数污水处理厂污泥选择处理处置方式时的初衷，但是考虑到填埋对土地占用和后续监测管理等其他隐形费用，以及对环境的潜在威胁和对资源的浪费，直接填埋不是最优的污泥处理处置方式。简言之，我国污泥目前的主要出路是土地利用和污泥制作饲料。

土地利用途径包括直接施用和间接施用。其中，直接施用是将未经处理的污水、污泥直接适用于农业用地、林业用地、需要修复的严重破坏的土地。间接施用包括污泥消化后农用、污泥堆肥制成复合肥料施用。污泥消化既可以产能回用，也可以增加污泥稳定性。另外，污泥堆肥可以持续保持高温期杀灭致病菌，去除恶臭，还可减容，方便后续处理处置。其中污泥与化肥制作的复混肥在盆栽试验中比仅施用化肥增产效果显著。

---

① Dhuldhoya N, Lemen J, Martin B, et al. Cost - effective treatment of organic sludges in a high rate bioreactor［J］. Environmental Progress, 1996, 15（2）: 135-140.

② 余杰，田宁宁，王凯军，等．中国城市污水处理厂污泥处理、处置问题探讨分析［J］．环境工程学报，2007，1（1）：82-86.

此外，污泥中含大量的蛋白质和脂肪酸，其中70%的粗蛋白以氨基酸的形式存在，是一种非常好的饲料来源。污泥经灭菌等过程制成饲料或与其他饲料混合，可用来喂鱼和饲养家禽。目前我国正在做这方面的研究。

三、污泥堆肥技术发展情况

（一）污泥堆肥

污泥堆肥是在一定控制条件下，以污泥为主要原料，加入一定比例辅料，调节堆体中的碳氮比例和孔隙度，于好氧环境中，利用污泥中原本含有的大量细菌、真菌等微生物在适宜生存条件对污泥中的易于分解有机物进行分解，进而达到腐殖化的生物发酵过程。堆肥过程则是通过微生物分泌一系列酶将附着在细胞体外的不溶物质分解，进而将分解后的可溶物质吸收进体内，经过体内的一系列代谢途径，为微生物的生长繁殖提供物质基础以及为生命活动提供能量①。同时，堆肥过程中的产生的高温可以有效杀死堆料中的有害病原菌和寄生虫卵，达到无害化目的；同时降低堆体的含水率，使堆体减容，达到减量化目的；堆肥后得到较高稳定性的腐熟料，达到稳定化目的；堆肥产品不但可以改良土壤，而且可以作为优质的农家肥施用于土地，最终实现资源化的目的。

（二）堆肥影响因素

虽然堆肥过程可自然进行，但高效堆肥也需要控制一定因素，即获得优质农产品的同时要避免出现臭味和灰尘等问题。堆肥过程主要由微生物主导，故堆肥的影响因素就是堆肥过程需要进行控制的因素，主要包括孔隙率、粒径、有机质含量、微生物、碳氮比、pH 值、水分、温度和氧气含量。

1. 孔隙率

基质孔隙率对堆肥有很大的影响，是保证适宜氧气分配的基本物理条件。若孔隙率大于50%，堆体中热量的损失超过热量的产生，导致堆温处于较低水平；若孔隙率太小，堆体易形成厌氧环境，产生臭气。研究发现堆体适宜的孔隙率应在35%~50%的范围内。

2. 粒径

粒径是为微生物提供生长面积和保持堆料中足够孔隙度的重要因素。堆体中堆料粒径越大，即表面积与质量比越低，越不能被充分分解，这是由于颗粒的内部不易接触微生物，同时被分解颗粒的表面可能会被一层不可渗透的腐蚀层覆盖。堆料粒径越小，堆体也越紧实，堆体中孔隙率也越少。

① 黄申斌．污泥高温好氧发酵的原理及影响因素［J］．资源节约与环保，2011（6）：61-63.

3. 有机质含量

有机质含量过高时，微生物生长繁殖代谢活动剧烈，需要大量利用堆料中的氧气，极易造成堆体缺氧，进而产生大量臭气。有机质含量过低时，被分解的有机物质产生的热量不足，无法达到堆体所需温度，最终堆肥无法达到无害化标准。研究发现堆体的最适有机质含量为20%~80%。

4. 微生物

有机质的分解由许多微生物种群共同作用进行。同时，堆肥过程中不同温度段，微生物的菌群组成也不同：细菌在堆肥早期占主导地位；真菌存在于整个过程中，但在35%以下的含水率的条件下占主导地位，在温度高于60℃下受到抑制；放线菌在堆肥的降温期作为优势菌群，能够联合真菌一起能降解抗性聚合物。研究表明，在堆肥过程中添加一定剂量的外源微生物可以加快堆肥速率，提升堆肥效果。

5. 碳氮比

碳氮比是维持细胞以及保证细胞增殖的重要因素。初始堆料中最佳碳氮比为25~35①。堆料中的碳氮比高，即存在过多的可降解碳物质，微生物需要很长时间才能降解完全，使得整个堆肥过程进行得非常缓慢；堆料中碳氮比低，即氮含量过量，多余的氮则会以氨气的形式挥发或者进入渗滤液中，造成堆肥质量下降。而过低的碳氮比可通过增加堆料中氮含量进行调整。

6. pH 值

pH 值可直接影响微生物的生长繁殖。pH 值在6.7~9.0之间，微生物活性良好。研究发现，最佳 pH 值范围为5.5~8.0，而自然界中多数物质的 pH 值均处于这个范围内，故堆肥中的 pH 值并不是影响这个堆肥进程的主要因素。然而，pH 值因素控制与因氨化作用导致的铵态氮损失高度相关，尤其在pH>7.5时，氮素的损失非常高。

7. 水分

水分对于微生物至关重要。水分是维持生物生命活动的基础要素，故堆体中必须保持一定的含水量。堆肥的最佳含水率为50%~60%，但当含水量超过60%时，氧气的运动过程就会被抑制，堆料中透气性差，形成厌氧环境。在堆肥期间，大量的水蒸发，带走堆体的热量，以控制堆体的温度，并且随着含水率降低，微生物生命活动减弱，对有机质的分解速率减小，堆体须增加水分以维持微生物正常生存。堆体中含水率不应小于40%。

8. 温度

温度表征微生物活动的剧烈程度和所处的堆肥阶段。一般堆体在40~65℃时温度较适

① Morisaki N，Phae C G，Nakasaki K，et al. Nitrogen transformation during thermophilic composting［J］. Journal of Fermentation and Bioengineering，1989，67（1）：57-61.

宜，当温度高于55℃可以起到杀死致病性微生物的作用。若温度过高，超过微生物的耐受范围，则会破坏微生物的生命活动进而导致堆肥进程的中断。一般情况下，堆体温度高于63℃时，超过了很多嗜热菌最佳活性适宜的温度，嗜热菌的生命活动受到抑制，而当温度达到72℃时，菌体几乎停止生命活动。温度过低将会延长堆肥过程。温度在52~60℃的范围，被认为是最适于堆肥的温度。总之，堆肥过程中须控制温度，多余的热量可通过控制堆肥质量的形状、大小，翻堆冷却，系统中的温度反馈控制—通风方式进行去除。

9. 氧气含量

氧气含量是堆肥的关键因素。适当的曝气不但可以控制堆体温度，而且可以带走堆体多余的水分和二氧化碳，并同时为生物过程提供氧气。大部分研究表明，堆体中氧气浓度范围在8%~18%。控制曝气强度应保持堆体温度低于60~65℃，同时确保提供足够的氧气[①]。

（三）堆肥腐熟指标

由于不同有机废物堆肥后得到的最终产品质量和稳定性不同，而堆肥质量与堆肥腐熟度密切相关，故制定堆肥稳定性和腐熟度指标非常重要。通过堆肥的腐熟度测定可以判定堆体在整个堆肥中所处的阶段。堆肥腐熟度最好通过测量两个或两个以上的指标共同进行评价。堆肥腐熟指标主要可分为物理指标、化学指标和生物指标三类。

1. 物理指标

堆肥腐熟的物理指标测定，虽然测试方法简单且结果直接易见，但是给出的信息非常有限，故只能作为一个辅助指标，主要包括以下指标：颜色和气味、温度、有机物降解等。

（1）颜色和气味。随着堆肥进程的增加，堆料的颜色逐渐加深，最终产品在经过足够长时间的腐熟后是深棕色或几乎全黑。Sugahara 等[②]提出了一种简单的通过测量堆肥材料的黑暗程度来确定堆肥腐熟度的方法，即从视觉上监控堆肥逐渐变黑的过程。在气味方面，通常在初始的高温期，堆料会散发大量臭气，随着堆肥降温期的到来，臭气味道不断减小。在堆肥过程结束时，堆料完全腐熟，堆体中臭味消失，泥土气息出现。尽管颜色和气味是最简单的评估标准，但是堆肥的腐熟度也需要辅助一些其他的物理、化学和生物指标进行检测。

（2）温度。温度可以表征微生物生命活动的剧烈程度。堆肥初期，温度逐渐上升，达

---

① Finstein M S，Miller F C，MacGregor S T，et al. The Rutgers strategy for composting：process design and control [C] //International Symposium on Compost Recycling of Wastes，1989 (2)：75-86.

② Sugahara K，Harada Y，Inoko A. Color change of city refuse during composting process [J]. Soil Science and Plant Nutrition，1979，25 (2)：197-208.

到高温期后维持一段时间，然后逐渐下降并最终达到室温。Tiquia 等①认为温度是一个重要而简单的腐熟度参数，而且与堆肥过程中的其他参数成正相关关系。温度升高到高温期是非常必要的，可以有效杀死病原微生物，而且可以通过定期监测堆肥中的温度来确保有机物的分解。

（3）有机物降解。堆料中有机物的降解是最简单的表征堆肥进程中有机质矿化速率的指标。有机质的降解随着堆肥时间的增加而增加，并以容重降低的形式进行反应。研究表明，有机质的降解与碳氮比和其他腐熟度参数高度相关。

2. 化学指标

化学方法被广泛用于评估堆肥腐熟度。相对于物理指标，堆料中测定成分和性质变化的化学指标更准确可靠，主要包括 pH 值、固相碳氮比（Carbon/Nitrogen，C/N）、液相碳氮比（Water-soluble Carbon/Water-soluble Nitrogen WSC/WSN）、水溶性碳（Water-soluble Carbon，WSC）、铵态氮/硝态氮（NH_4^+-N/NO_3^--N）、腐殖质等。

（1）pH 值和 EC。pH 值是反应堆肥所处阶段的指标。在堆肥过程开始时，随着大量有机酸的产生，堆体中的 pH 值会稍微降低。但随着一些好氧微生物以这些有机酸作为底物进行利用后，pH 值上升。在堆料完全腐熟后，pH 值在 8~9。

EC 表征堆肥浸提液中的盐度。在土地中施加盐度过高的肥料，植物会出现烧苗现象，所以测量 EC 指标很有必要。由于堆肥过程中有机酸的降解和可溶性盐类的释放，浸提液中可溶性盐的含量随着堆肥腐熟程度的增加而增加。鲁如坤等②研究认为当 EC 低于 9.0 ms/cm 时，对种子发芽没有抑制作用。

（2）固相碳氮比。一般常用固相 C/N 判定堆肥腐熟程度。碳氮比的下降意味着堆肥腐熟程度的增加。随着有机质的分解，碳被消耗，以二氧化碳的方式散失，氮的相对含量增加，导致碳氮比下降。一些研究表明，碳氮比低于 20 可认为堆体已腐熟，若达到 15 或低于 15 更好。另一些研究表明③单独的碳氮比参数不足以确定堆肥腐熟度，须和其他的化学和生物指标一起来鉴定腐熟程度。

（3）液相碳氮比。堆肥是由发生在水相中的微生物代谢有机质的过程。因此，研究可溶性有机物的变化可以判断堆肥的腐熟程度。Chanyasak 等④研究表明，碳氮比在 5~6 可

① Tiquia S M，Tam N F Y，Hodgkiss I J. Effects of composting on phytotoxicity of spent pig-manure sawdust litter［J］. Environmental Pollution，1996，93（3）：249-256.

② 鲁如坤．土壤—植物营养学原理和施肥［M］. 北京：化学工业出版社，1998.

③ Baddi G A，Alburquerque J A，Gonzálvez J，et al. Chemical and spectroscopic analyses of organic matter transformations during composting of olive mill wastes［J］. International Biodeterioration & Biodegradation，2004，54（1）：39-44.

④ Chanyasak V，Kubota H. Carbon/organic nitrogen ratio in water extract as measure of composting degradation［J］. Journal of Fermentation Technology，1981，59（3）：215-219.

以作为堆肥腐熟的基本指标。然而，由于堆料水相中氮含量过低，因此这个比例有时难以使用。Hue 等①建议使用 WSC/TN 来评估堆肥腐熟程度，其值小于 0.70 作为新的腐熟标准。但 Bernai 等②发现一些未腐熟的堆料在堆肥的高温阶段已达到该数值，于是提出以 WSC/TN 小于 0.55 来表示堆料已经达到稳定状态，完全腐熟。Antil 等③也证实了这一数值适用于表征农业和工业废料堆肥的腐熟度。

（4）水溶性碳。水溶性碳代表了堆肥过程中最易生物降解生物碳的部分，包括除了可溶性富里酸外的糖、有机酸、氨基酸和酚。水溶性碳的浓度随着堆肥进程而下降。可生物降解碳首先被微生物消耗，最终释放出二氧化碳和生成一些含氮化合物聚合物而形成腐殖质。Eggen 等④研究认为水溶性碳低于 0.5%时，堆体可达到腐熟标准。但是这一标准仍未达到统一，Hue 等⑤认为该数值应小于 1%，Bernai 等⑥认为该数值应小于 1.7%。

（5）铵态氮与硝态氮之比。堆肥腐熟也可以用硝化作用来表征。堆肥过程中 NH_4^+-N 浓度逐渐降低，一部分转化为氨气，另外一部分由于硝化作用转化为 NO_3^--N，NO_3^--N 浓度从而逐渐上升。NH_4^+-N 浓度高时，可认为该堆料还没有达到稳定状态，而当铵态氮浓度下降或测定不出时，则可认为堆料腐熟而且最终产品质量很好。Bertoldi 等⑦研究表明 NH_4^+-N 浓度小于 0.04%时，堆体腐熟。但 Antil 等⑧认为该指标不能作为不同固体废物堆肥腐熟的基础指标，而建议以 NH_4^+-N 浓度减少和 NO_3^--N 浓度的增加作为腐熟度的表征。对于大多数的固体废弃物的堆肥腐熟度，Bernai 等⑨认为，NH_4^+-N/NO_3^--N 值小于 0.16，可认为堆体已腐熟。

（6）腐殖质。有机质的腐殖化部分是有机肥力最重要的组成部分，故堆料中有机质腐殖化程度可以表征堆肥所处的腐熟程度。随着堆肥过程的进行，堆料中胡敏酸增加，富里酸减少。通过一些化学、物理化学和光谱方法等，如测定的吸光度比率（E_4/E_6）、分子量

---

① Hue N V，Liu J. Predicting compost stability［J］. Compost Science & Utilization，1995，3（2）：8-15.

② Bernai M P，Paredes C，Sanchez-Monedero M A，et al. Maturity and stability parameters of composts prepared with a wide range of organic wastes［J］. Bioresource Technology，1998，63（1）：91-99.

③ Antil R S，Raj D. Chemical and microbiological parameters for the characterization of maturity of composts made from farm and agro-industrial wastes［J］. Archives of Agronomy and Soil Science，2012，58（8）：833-845.

④ Eggen T，Vethe Ø. Stability indices for different composts［J］. Compost Science & Utilization，2001，9（1）：19-26.

⑤ Hue N V，Liu J. Predicting compost stability［J］. Compost Science & Utilization，1995，3（2）：8-15.

⑥ Bernai M P，Paredes C，Sanchez-Monedero M A，et al. Maturity and stability parameters of composts prepared with a wide range of organic wastes［J］. Bioresource Technology，1998，63（1）：91-99.

⑦ Bertoldi M，Vallini G，Pera A. The biology of composting：a review［J］. Waste Management & Research，1983，1（2）：157-176.

⑧ Antil R S，Raj D. Chemical and microbiological parameters for the characterization of maturity of composts made from farm and agro-industrial wastes［J］. Archives of Agronomy and Soil Science，2012，58（8）：833-845.

⑨ Bernai M P，Paredes C，Sanchez-Monedero M A，et al. Maturity and stability parameters of composts prepared with a wide range of organic wastes［J］. Bioresource Technology，1998，63（1）：91-99.

分布、电泳和电子聚焦，以及热解气相色谱—质谱来测量整个堆肥过程中有机质的变化，进而评价堆肥效率和腐熟程度。其中，E_4/E_6 是浸提液在分光光度计 465 nm 和 665 nm 下的吸光度值比，指示腐殖质的芳构化程度，其数值越小，表示堆体腐殖化程度越高，在环境中存留时间越长。有研究认为，E_4/E_6 数值在 3~4 之间，堆体已达腐熟状态①。

3. 生物指标

堆肥过程是由微生物主导的、进行生长代谢等生命活动的过程，所以人们广泛使用生物方法来评估堆肥的腐熟程度。生物指标主要包括种子发芽指数（GI）、微生物量和酶活性等。

（1）种子发芽指数（GI）。未熟堆料中含有对植物有害的化合物，若施用于耕地上可能会抑制种子的萌发和幼苗根的生长。由于种子能对堆肥中存在的植物毒性物质快速反应，因此可以利用种子发芽指数来表征堆料腐熟度。研究表明，GI 高于 50%时堆体已腐熟。有研究表示植物生长不会受到未成熟堆料的抑制②。Zucconi③ 研究认为，GI 达 80%是堆料中毒性消失的指标；Tiquia 等④认为，这个值不仅可以指示堆料毒性消失，同时可以表征堆肥腐熟。但 Ko 等⑤研究发现在动物粪便堆肥中，GI 高于 110%才能被认为是腐熟状态。总而言之，种子发芽指数作为指示指标应谨慎，因为不同的种子类型和堆料浸提效率也会影响结果。种子发芽指数被认为是评价腐熟度参数中最重要的并且最有说服力的指标。

（2）微生物量。有机物被代谢降解的过程是微生物作用的过程，与微生物总量和活性相关。测定微生物量的方法是基于堆料已腐熟，微生物种群已经稳定的条件。已有大量学者对堆肥进程中微生物菌群的演替和数量变化进行了探究⑥。微生物种群在升温和高温阶段增加，然后在腐熟阶段逐渐降低，并在堆肥结束时恒定，达到稳定化。细菌和真菌数量的减少以及放线菌数量的增加，并最终达到稳定，是指示堆肥稳定化和腐熟化阶段的有效指标。堆料中外观呈白色是表示该堆料中存在放线菌。堆肥结束时，总大肠菌群、粪大肠菌群和粪肠球菌密度小于 500 MPN/g 时，才符合堆肥卫生学标准。

---

① Chen W, Westerhoff P, Leenheer J A, et al. Fluorescence excitation-emission matrix regional integration to quantify spectra for dissolved organic matter [J]. Environmental Science & Technology, 2003, 37 (24): 5701-5710.

② Chefetz B, Hatcher P G, Hadar Y, et al. Chemical and biological characterization of organic matter during composting of municipal solid waste [R]. American Society of Agronomy, Crop Science Society of America and Soil Science Society of America, 1996.

③ Zucconi F. Evaluating toxicity of immature compost [J]. Biocycle, 1981, 22 (2): 54-57.

④ Tiquia S M, Tam N F Y, Hodgkiss I J. Effects of composting on phytotoxicity of spent pig-manure sawdust litter [J]. Environmental Pollution, 1996, 93 (3): 249-256.

⑤ Ko H J, Kim K Y, Kim H T, et al. Evaluation of maturity parameters and heavy metal contents in composts made from animal manure [J]. Waste Management, 2008, 28 (5): 813-820.

⑥ Albonetti S G, Massari G. Microbiological aspects of a municipal waste composting system [J]. European Journal of Applied Microbiology and Biotechnology, 1979, 7 (1): 91-98.

(3) 酶活性。酶是各种降解过程的主要介质，不同底物在降解过程中，由不同水解酶(如纤维素酶，木聚糖酶和蛋白酶) 控制反应速率。上述酶在堆肥的 30~60 天可被观察到最高活性，该数值可被用来作为堆体腐熟的指标①。

四、微生物菌剂在污泥堆肥中的作用

(一) 堆肥中的微生物

好氧堆肥也叫高温堆肥，因为堆肥过程中温度较高，可达 50~65℃。根据堆肥中温度的不同，可划分为升温、高温和降温腐熟三个阶段。

细菌、真菌、放线菌等微生物参与堆肥，堆肥的升温阶段中嗜温菌占主导，大量地分解堆料中丰富的有机物质，如糖、蛋白质、淀粉和脂肪等进行旺盛的生命活动，其中增长最快的微生物是细菌。分解有机质产生大量的热量，致使堆温迅速达到 45~60℃，即高温阶段。此时嗜热菌开始主导微生物群落，主要是放线菌，进入活跃阶段。由于更多的有机质被分解，更多的热量产生，堆体持续升温，在温度高于 55℃时，病原菌和寄生虫卵因不耐高温而被杀死。降温腐熟阶段，堆体逐渐冷却，嗜温微生物重新夺回优势地位，细菌数量下降，此时以真菌和细菌为主，并对堆体中残留一些不易分解的纤维素等物质进行进一步分解，堆料逐渐腐熟，其中潜在的有毒物质和抗性化合物被稳定固化。

(二) 堆肥中接种微生物菌剂

堆肥接种是指从某些环境条件下分离出的具有不同功能的菌株，并按照应用的需求，将不同作用菌株按照一定的比例混合配置成微生物菌剂，添加到堆肥过程的方法。堆肥主要是依靠堆料中的原本含有的微生物进行作用，通过生长和代谢来分解有机物质。在堆肥中接种菌剂，通过加大堆体中的微生物数量的形式，进而加快微生物的有机质降解速率，大量产热，使堆体升温，缩短堆肥时间，降低堆料毒性，提高产品有机肥力，最终加快堆肥的腐熟速率。

大量研究证明，堆体中接种微生物菌剂可强化堆肥。刘佳等②在牛粪堆肥过程中添加纤维素降解菌后，微生物数量变化加快，发酵周期缩短。同时，Xi 等③研究表明人工接种可以有效缩短堆肥周期。Lei 等④研究了堆体中外源接种能使堆体保持更长的高温期，大量

---

① Goyal S, Dhull S K, Kapoor K K. Chemical and biological changes during composting of different organic wastes and assessment of compost maturity [J]. Bioresource Technology, 2005, 96 (14): 1584-1591.

② 刘佳，李婉，许修宏，等．接种纤维素降解菌对牛粪堆肥微生物群落的影响［J］．环境科学，2011，32（10）：3073-3081.

③ Xi B D, He X S, Wei Z M, et al. Effect of inoculation methods on the composting efficiency of municipal solid wastes [J]. Chemosphere, 2012, 88 (6): 744-750.

④ Lei F, VanderGheynst J S. The effect of microbial inoculation and pH on microbial community structure changes during composting [J]. Process Biochemistry, 2000, 35 (9): 923-929.

杀死致病菌。王晓辉等①研究表明接种固氮菌，最终堆料中总氮含量增加。李国学等②在堆肥中接种 FM 菌和 EM 菌，调整堆肥中的碳氮代谢，降低了堆料的臭味，提高了产品肥效。劳德坤等③在秸秆堆肥中接种微生物，发现试验组相对于对照组含水率下降，有机质降解速率提高，尤其是纤维素降解率增加 1.16%，且发酵周期缩短。徐智等④在鸡粪中接种 VT 复合菌，发现堆体中的微生物的脱氢酶和纤维素酶活性大大增加，氧化还原反应剧烈。Singh 等⑤将不同菌株投加到堆肥过程中，并将堆肥产品用作肥料施加于植物，结果表明不同菌株的堆肥效果不同，但均能提高堆料的肥效。顾希贤等⑥从不同环境中分离的菌株，并通过混合后制成微生物菌剂添加至垃圾堆肥过程，结果表明，相对于空白对照组，试验组温度上升速率加快，所达最高温度升高，最终产品中的腐殖质含量提高了 21%~26%。

近年来，将两种及以上微生物菌株混合制备微生物菌剂，通过菌株间联合作用共同配合强化堆体菌群、强化堆肥已成为研究热点。

（三）堆肥中高温菌剂的使用

已有研究证明，堆肥过程中高温菌相比于常温菌可以分解更加广泛的有机物质。尤其在堆肥的高温段，高温菌的微生物活性高，生长代谢速率高，能够有效杀死大部分的致病病原菌，是保证堆肥最终达到无害化目的最重要的步骤，故高温菌在固废堆肥过程中具有更高的应用价值。

李秀艳等⑦研究表明，将 70℃高温菌剂投加至生活垃圾堆肥中，大大增强了微生物生态系统功能，相较于空白组，试验组升温速度变快，高温段中能够达到 85℃，有机质降解率高，且堆肥中的两次发酵的时间大大缩短。许晓英⑧研究表明，污泥堆肥中接种复合菌剂，试验组的高温段比空白组多 6 天，且堆肥时间缩短 3 天。宫晓梅等⑨在堆肥中堆体温

① 王晓辉，姜虎，刁婷，等．固氮菌的筛选及其对菜场垃圾堆肥化的影响［J］．东北农业大学学报，2012（11）：77-80.

② 李国学，李玉春，李彦富．固体废物堆肥化及堆肥添加剂研究进展［J］．农业环境科学学报，2003，22（2）：252-256.

③ 劳德坤，张陇利，李永斌，等．不同接种量的微生物秸秆腐熟剂对蔬菜副产物堆肥效果的影响［J］．环境工程学报，2015，9（6）：2979-2985.

④ 徐智，张陇利，张发宝，等．堆肥反应器中 2 种微生物接种剂的堆肥效果研究［J］．环境科学，2009，30（11）：3409-3413.

⑤ Singh A，Sharma S. Effect of microbial inocula on mixed solid waste composting，vermicomposting and plant response［J］．Compost Science & Utilization，2003，11（3）：190-199.

⑥ 顾希贤，许月蓉．垃圾堆肥微生物接种试验［J］．应用与环境生物学报，1995，1（3）：274-278.

⑦ 李秀艳，吴星五，高廷耀，等．接种高温菌剂的生活垃圾好氧堆肥处理［J］．同济大学学报（自然科学版），2004，32（3）：367-371.

⑧ 许晓英．复合微生物菌剂在污泥高温好氧堆肥中的应用［J］．中国生态农业学报，2006，14（3）：64-66.

⑨ 宫晓梅，张磊，孙嘉，等．高温菌剂的添加时间对污泥堆肥指标影响研究［J］．环境工程，2013（4）：114-117.

度达到45℃时添加高温菌剂，结果表明，添加高温菌剂后，堆体最高温度上升，高温段增长，氮素含量下降少，最终产品中肥效增加。李华芝等①从厨余垃圾中分离出的65℃菌株而制备成微生物菌剂加入厨余垃圾处理中，发现大部分有机物的降解效果明显，而且大部分都在前24小时内降解完成。欧亚玲等②将高温菌剂接种于鸡粪堆肥过程中，研究发现，接种菌剂的最高温度可达69℃，水分去除率高，发酵周期相较于对照组缩短5天，且最终产品毒性小，肥效高。Yonglin等③研究65℃的情况下于污泥中接种嗜热菌后，最终产品中的悬浮物的溶解性增加20%左右，并产生大量利于后续厌氧消化处理的物质。Zhao等④研究表明，嗜热菌与根霉组合应用于醋渣堆肥，接种菌剂堆体较空白组提前7天达到高温期，最高温度可达70℃，而且加速了氮素的矿化，提高了堆肥质量。

总结上述大量研究，结果证明接种外源微生物菌剂可以提高堆体升温速率和最高温度，延长高温时间，缩短堆肥时间，提高保氮能力和堆料的肥效。同时，接种不同菌剂所产生的效果也有很大的差异，故堆肥中添加外源菌剂具有广阔的发展前景。

随着我国社会经济的快速发展以及城镇化进程的加快，工业污水和居民生活污水排放量不断增加，污水收集处理系统的不完善以及废水的乱排乱放，导致河流湖泊等众多水体被污染，甚至发生不同程度的黑臭现象，严重影响我国经济可持续发展和人民身心健康。目前借助微生物菌剂可以有效改善这类状况，改善城市河道水质，从而恢复环境。

① 李华芝，李秀艳，胡启平，等．处理厨余垃圾的高温菌剂研制及其降解性质研究［J］．华东师范大学学报（自然科学版），2011（2）：126-133.

② 欧亚玲，陈强，邹宇，等．接种高温细菌复合菌剂对鸡粪堆肥的影响研究［J］．四川农业大学学报，2008，26（1）：89-92.

③ Yonglin Y，Xiaoming L，Liang G. Solubilization of excess sludge by inoculating thermophilic bacteria［J］．China Water and Wastewater，2009，17：5-9.

④ Zhao Q S，Li P P，Sun D M. Effects of inoculating thermophiles and rhizopus on composting process of vinegar residue and their nutrients status［C］//Advanced Materials Research. Trans Tech Publications Ltd，2012，518：68-72.

第五章　微生物菌剂在重金属污染修复方面的应用

第一节　微生物菌剂重金属污染修复概述

一、土壤重金属的来源、形态及危害

（一）土壤重金属来源

1. 自然来源

自然来源就是通过降雨、空气流通和降雪等一系列的自然活动，将重金属流入土壤中。

2. 人类活动来源

人类活动来源是造成重金属污染的主要来源，主要包括农业生产污染和工业生产污染。农业生产污染主要指在农业生产活动中，过量使用化肥、农药等，破坏了土壤的自我修复能力，从而导致土壤分解重金属的能力下降，而工业生产过程中大量使用石油和煤炭等，产生大量的污染物质，造成土壤重金属污染。

（二）土壤重金属形态

土壤重金属形态包括离子交换态、铁锰氧化态、强有机结合态、残渣态和有机结合态等。

离子交换态：与土壤结合的方式依靠吸附作用，在土壤中移动性强，容易被植物吸收。

铁锰氧化态：在土壤中分布广、活性高并且结合能力强，释放在土壤中危害性强。

强有机结合态：与土壤结合的方式主要是通过络合和螯合。

残渣态和有机结合态在土壤中较为稳定，所以对食物链和环境影响较小。也可以通过土壤重金属的生物可利用性，将重金属形态分为重金属有效态和非有效态。

（三）土壤重金属的危害

土壤重金属污染具有难以生物降解、毒性大、相对稳定、隐蔽性、长期性和不可逆性

的特点，在重金属的胁迫下农作物健康生长受到严重危害，导致农作物产量降低，农产品中重金属浓度超过食品安全标准，重金属进入食物链对人体健康造成威胁。

1. 土壤重金属对土壤环境的危害

进入土壤环境中的重金属会缓慢积累，破坏土壤生态系统的稳定，导致土壤中微生物生物量减少和土壤酶活性降低，从而造成土壤肥力流失，影响作物生长。有研究者表明，随着镉浓度的升高，土壤呼吸强度减弱并且土壤酶活性降低，导致土壤微生物活性降低。重金属会威胁土壤动物的生存状况，研究表明，随着土壤重金属污染程度的增加，土壤动物群体和个体数量有所降低，土壤动物群落的香农—维纳多样性指数和物种的均匀度指数的变化与土壤重金属污染程度总体上呈现相反的趋势，土壤动物群落的辛普森优势性指数与土壤重金属污染程度呈现一致的变化趋势。

2. 土壤重金属对植物的危害

在植物的生长发育过程中，其体内如果积累过量的重金属则会出现生长缓慢、植物个体矮小、叶片褪绿、褐斑病等症状，严重时会造成农作物产量降低甚至植株死亡。有关研究表明，土壤重金属能够抑制甚至破坏植物叶绿素的合成与产生，导致植物叶绿素含量下降，影响植物生长相关酶活性，从而降低植物的光合作用，减少植物生长发育所需的养分和能量，抑制植物的生长发育。由于镉具有很强的生物迁移能力，很容易被植物吸收并积累，当镉在植物体内积累过多时就会导致植物生长缓慢、矮化、萎黄、品质下降甚至减产。被重金属污染的农作物进入食物链将会对人体健康造成危害。

3. 土壤重金属对人体的危害

镉具有很强的生物活性和高毒性，是目前对环境及人类健康危害最大的重金属之一。相关研究表明，镉与许多临床疾病有关，包括嗅觉缺失、心脏衰竭、癌症、脑血管梗死、肺气肿、骨质疏松、蛋白尿和眼睛白内障的形成。镉进入人体后易形成镉硫蛋白，这种蛋白通过血液选择性地积聚在肾脏和肝脏中，随后部分蓄积在脾脏、胰脏、甲状腺和头发中。镉在肾脏中蓄积，其毒性直接损害肾脏皮质，导致肾功能衰竭，骨组织中积聚镉会导致骨折等疾病，对人体健康构成威胁。

二、土壤重金属修复方法

土壤中重金属的修复一般通过以下两种途径：一是改变土壤重金属的存在形态，将不稳定、易转移的形态转换为稳定态；二是直接从土壤中去除重金属元素，使土壤中的重金属浓度降低至背景值。目前的修复方法主要分为以下三类：物理修复技术、化学修复技术和生物修复技术。

（一）物理修复技术

物理修复技术包括：(1) 将一些重度污染并且危害极大的土壤场地原地装填在一个物理封闭系统中，隔绝污染物的扩散。这种装填技术适合场地小、污染严重的场地。(2) 将污染土壤深翻替换到深层、在污染土壤上覆盖清洁土壤或挖土换土等物理修复技术。(3) 通过在污染土壤两侧设置直流电，使得土壤中的重金属离子在电场作用下迁移到电极两端，从而达到清洁土壤的作用。

（二）化学修复技术

化学修复技术包括：(1) 土壤淋洗。用淋洗剂淋洗土壤，污染物被淋洗出来，之后对淋洗液和土壤进行后续处理，达到修复土壤的目的。酸、盐以及高浓度氯化物溶液、螯合剂、表面活性剂和氧化还原剂等这些都是经常使用的淋洗剂。良好的淋洗剂应该具备提取重金属效率高，并且不会造成土壤中的营养物质大量流失，且不能对修复土壤造成二次污染。(2) 化学固定。通过向污染土壤加入固定剂，将土壤中那些活性高、易迁移的重金属离子进行固定，改变重金属离子在土壤中的存在形态，降低重金属离子的迁移性、浸出毒性和生物有效性。固定剂和土壤重金属离子的结合方式有：吸附、离子交换、表面氧化、表面还原、共沉淀、固溶体和微包裹等。黏土矿物、磷酸盐、石灰改良剂、金属氧化物和生物炭等都是经常使用的固化剂。

（三）生物修复技术

生物修复技术包括：(1) 植物修复技术。在重金属污染土壤中种植植物，通过植物根部吸收将重金属从土壤中转运，或者通过根际部位固定重金属的方式来减少土壤重金属的生物毒性。(2) 微生物修复技术。利用细菌、酵母、真菌、微藻和放线菌等微生物作为土壤重金属修复剂，将土壤中剧毒重金属转化为低毒形态的一种生物转化机制。生物修复技术相比于常规的物理、化学修复技术来说，具有成本低、效率高、不改变土壤结构并且不产生二次污染等优点。

三、微生物修复技术

微生物修复是指利用微生物数量多、易生存等特点，通过找到对重金属修复能力强的微生物进行扩增培养，将它们作为土壤重金属修复剂，将土壤中剧毒重金属转化为低毒形态的一种生物转化机制。

（一）吸附

生物吸附是去除土壤环境中重金属的有效途径。吸附是一种涉及重金属在细胞表面络合的现象。微生物细胞表面存在几个官能团，如氨基、羟基、羧基和磷酸基，这些官能团都有可能与重金属离子发生络合反应。羟基和磷酸阴离子都会对微生物细胞壁产生负电荷，但是大多数的重金属离子都是携带正电荷，因此，很容易与微生物细胞壁相互作用。

（二）微生物细胞吸收

微生物对重金属的去除机制包括上述提到的吸附，这种吸附不依赖代谢，只是通过细胞表面产生络合、沉淀、离子交换和结晶。但是微生物细胞吸收是一种依赖于代谢能量的过程。在这个过程中，重金属离子从最开始的吸附在细胞表面到缓慢地进入细胞质内，这个过程也被称为细胞固存。

（三）生物浸出

生物浸出是指借助微生物合成有机酸的能力，从重金属污染的固体颗粒或土壤中提取重金属的一种微生物辅助过程。有研究表明，微生物合成有机酸需要营养物质和能量。在没有营养物质的情况下，微生物浸出 Cd^{2+} 的效率约为 9%，如果添加葡萄糖和其他微生物的必需营养要素后，浸出率可以提高到 36%。

（四）生物矿化

生物矿化是指微生物辅助合成特定形式的无机物质的过程。微生物通过产生脲酶来提高土壤 pH 值并导致碳酸盐的生成。这种碱性条件有利于细胞膜中重金属离子的矿化。

四、植物修复技术

超富集植物一般是指那些可以从土壤中超量吸收重金属并将重金属转移到地上部分的植物。超富集植物富集重金属的量极高，并且不影响植物的正常生理活动。目前，已经被确认的超富集植物已经有 700 多种。例如，其中天蓝遏蓝菜、龙葵对镉有超富集作用，印度芥菜、景天可以富集镉和锌。

超富集植物都具有以下三个特征：（1）对重金属的高耐受性，植物体内的重金属含量是普通植物的 10~500 倍，并且在重金属胁迫下植物的生长不受影响。（2）植物的富集系数大于 1，也就是说，植物体内重金属含量大于土壤中重金属含量。（3）植物的位移系数大于 1，即植物地上部分重金属含量大于地下部分的重金属含量。

植物修复技术有：植物固定、植物吸收、根际过滤和植物挥发。

（一）植物固定

通过植物根系分泌的物质和重金属通过分解、沉淀、螯合、氧化还原等多种过程，降低土壤重金属的流动性和生物有效性。植物固定技术常应用于矿区污染，它只是将重金属固定在一定的范围内，没有彻底解决重金属含量超标的问题。

（二）植物吸收

利用超富集植物将土壤中的重金属从土壤中吸收到体内，并逐渐转移到植物的地上部位。用于植物吸收的植物一般具备生物量大、根系发达、生长快和抗虫害能力强等特点。

（三）根际过滤

根际过滤主要依靠植物的根际过滤吸收、富集水体中或者土壤中的重金属离子。

（四）植物挥发

植物挥发是指一些植物利用根际将土壤中的重金属离子吸收到体内，然后又将重金属离子转化为气态形态，从而转移到空气中的过程。例如，烟草、海藻和洋麻等可以吸收转化汞离子和砷离子等。

五、微生物—联合植物修复技术

微生物联合植物修复技术是一种可以不破坏土壤结构并且可以对土壤重金属进行提取的方法，土壤中的微生物数量庞大，代谢旺盛，表面活性强，并且微生物本身可以依靠吸附、吸收、浸出和矿化等方式对土壤中的重金属产生影响，如果将微生物与植物进行联合，可以在很大程度上提高修复效率，结合两者的优点，相辅相成。

有研究表明，微生物在营养充足的情况下，可以产生有机酸，促进 Cd^{2+} 的浸出，浸出的 Cd^{2+} 与低分子量的有机酸进行结合。同时，可以观察到，土壤悬液的 pH 值由中性明显降到酸性。微生物还可以改变土壤中重金属离子的存在形态，可以将土壤中固态的重金属活化成交换态或者可溶态，这样可以有利于植物的吸收，提高植物的修复效率。另外，一些微生物的代谢产物还能和重金属离子进行螯合和沉淀。例如，硫酸还原细菌代谢会产生 H_2S，H_2S 与 Cd^{2+} 作用将 Cd^{2+} 还原为 CdS 沉淀；一些真菌可以增加土壤中的水溶性 Pb、Cd 离子；有研究者在 30℃下培养含 Cr^{6+} 的土壤，然后从土中分离出一种可以还原 Cr^{6+} 的菌种（嗜热—氧化碳链霉菌），这种菌可以将 Cr^{6+} 还原为 Cr^{3+}，这样可以使得重金属的毒性大大降低。

微生物联合植物修复技术，微生物联合植物修复重金属土壤时，有些植物生长可以促进根际细菌与土壤中重金属相互作用，降低土壤重金属的生物有效性。这些微生物降低土壤重金属生物有效性的同时也保护了植物免受重金属的毒性。目前，在全球气候变化和农业生产土壤广泛使用化肥的情况下，微生物联合植物修复技术应用前景广泛。

表 5-1 中的这些微生物不仅具有促进植物生长、耐受高浓度重金属的能力，而且还具有一定的降解能力。这些微生物固定土壤重金属主要是通过金属螯合、沉淀和酸化。例如，植物根际促进微生物生长时产生的有机酸可以降低土壤的 pH 值，从而有利于重金属在土壤环境中的固定。

表 5-1　常见联合植物修复土壤重金属的微生物

序号	名称	基因表达	目标重金属
1	谷氨酸棒状杆菌 ATCC 13032	金属硫蛋白	大多数重金属
2	恶臭假单胞菌	植物螯合蛋白酶	Cd、Hg、Ag
3	大肠杆菌	ArsD	As
4	沼泽红假单胞菌	汞离子转运系统和金属硫蛋白	Hg
5	大肠杆菌	ArsR	As
6	新月形茎杆菌 JS4022/p723-6H 株	RsaA-6His 融合蛋白	Cd
7	生根根瘤菌	金属硫蛋白，植物螯合蛋白酶	Cd、Cu、Zn
8	恶臭假单胞菌	金属结合肽	As
9	大肠杆菌	PC 合成酶基因、γ-谷氨酰半胱氨酸合成酶	Cd
10	大肠杆菌 JM 109	植物螯合蛋白基因、锰转运基因（mntA）和金属硫蛋白基因	Cd
11	华癸中生根瘤菌	金属硫蛋白	Cd
12	耐辐射球菌	merA 基因	Hg

在表 5-2 中展示了各个微生物联合植物修复土壤重金属的实验方法和处理效果。表明芽孢杆菌和假单胞菌不仅可以提高植物去除土壤重金属的效率，还可以促进植物的生长。

表 5-2　微生物联合植物在重金属修复中的表现

微生物种类	受污染环境	植物	处理条件	处理结果
Bacillus cereus strain N Ⅱ	合成采矿废水	罗汉松	铁：铝的质量比为 3：1；添加 20% 根瘤菌处理 102 天	增量：植物高度增加 26%；干重增加 29%；铁累积 48%；铝累积 19%
Bacillus subtilis strain N Ⅱ				
Brevibacterium sp. strain N Ⅱ				
Burkholderia sp. strain S6-1	重金属污染的农业土壤	高粱	在气候室培养 60 天；每天 16h 光照	总累积：Cu：618.48 mg/kg；Zn：393.89 mg/kg；Pb：41.53 mg/kg
Pseudomonas sp. strain S2-3				

续表

微生物种类	受污染环境	植物	处理条件	处理结果
Cellulosimicrobium sp. NF2	人工污染土壤	苜蓿	加入 10 mL 菌悬液；28℃ - 30℃温室培养 30 天；每天光照 16h	增量：茎增高 68%；根增高 29%；铬累积 43%；铜累积（根部）53%
Pseudomonas libanensis TR1	受污染土壤	甘蓝	1kg 土接种 2 粒种子；温室培养 30d	累积量：铜累积 146%；锌累积 61%；在干旱和重金属胁迫下，铜累积 161%；锌累积 86%
Bacillus sp. QX8 and QX 13	受污染土壤	龙葵	每盆 1kg 土，4 株幼苗；培养 20d	铅污染土壤中：根干重增加 1.96 倍；茎干重增加 1.70 倍；铅累积 1.55 倍
Vibrio alginolyticus	人工污染土壤	罗汉松和沙棘	每盆 10kg 土，8 株幼苗，接种 5%菌剂；培养 28d	铅去除率：61.3%
Paenibacillus mucilaginosis Sinorhizobium meliloti	受污染土壤	苜蓿	每盆 1.3kg 土，20 粒种子，接种 40mL 菌剂；培养 90d	铜累积 33.5%；重金属提取总量 1.2 倍
Simplicillium chinense QD 10	人工污染土壤	芦苇	每盆 1kg 土，株幼苗，培养 30d	生物吸附能力：镉 88.5g/kg，铅 57.8g/kg 去除效率：镉酸可溶态 42.3%，镉可还原态 48.0%，镉残渣态 42.95%，铅酸可溶态 42.3%，铅可还原态 48.0%，铅残渣态 42.95%
Pseudomonas libanensis TR1 Claroideogmolus claroideum BEG210	受污染的盐渍土	向日葵	每盆 1kg 土，2 株幼苗，接种 30g 菌剂；25℃温室培养 60d；每天 16h 光照	Ni 累积增加量：TR1 为 82%，BEG210 为 38%；TR1 + BEG210 为 45%

第二节　微生物菌剂修复重金属铬污染的研究

一、土壤铬污染现状

（一）土壤中铬的来源

在自然界中的铬一般为 Cr（Ⅲ），是铬矿石经过自然环境作用后迁移到土壤中而形成的。在清洁土壤中，铬含量的多少与土壤自身保持着平衡。而人为来源的铬分为 Cr（Ⅵ）和 Cr（Ⅲ），主要来源于铬及其化合物在工业应用中排放的“三废”。由于缺乏对环境保护的监督，在我国对于铬渣的处理达不到“无渗漏、无扬散、无流失”的要求。所以在雨水的作用下暴露的铬渣被冲刷后渗入土壤中，造成土壤污染。在煤燃烧过程中，含铬废气会伴随着粉尘一起排放，经过粉尘自然沉降及降雨作用进入土壤，也会导致土壤铬污染。而且在农业生产过程中使用的肥料也含有一定量的 Cr、Pd、As 元素，也容易造成重金属含量超标。城市产生的垃圾也含有大量的重金属，垃圾如果得不到合格的处理，渗滤液也会造成土壤污染。再者，若用含铬的污水灌溉，更会导致耕地铬污染加剧，我国受到含铬污水灌溉的耕地已达到 64.8%。

（二）土壤中铬的赋存形态

六价和三价是赋存在土壤中常见的两种铬的价态，但是毒性主要来源于 Cr（Ⅵ），Cr（Ⅲ）的毒性仅仅约为 Cr（Ⅵ）的百分之一。因为土壤中 Cr（Ⅲ）不具备较高的迁移和溶解能力，所以能够被土壤颗粒、有机质等物质表面吸附固定，并以氢氧化物和氧化物形式存在。Cr（Ⅵ）主要以 CrO_4^{2-} 的形式存在，易溶于水，迁移性强，能被含有铁和铝氧化物吸附。在土壤中，pH 值对铬形态的存在形式具有较大的影响。当 pH<4 时，Cr（Ⅲ）以 $Cr(H_2O)_6^{3+}$ 的形态赋存；当 pH<5.5 时，Cr（Ⅲ）以 $CrOH^{2+}$ 形态赋存；当 pH 为 6.8~11.3 时，Cr（Ⅲ）以 $Cr(OH)_3$ 沉淀形态赋存；当 pH>11.3 时，Cr（Ⅲ）以 $Cr(OH)^{4-}$ 形态赋存。对于 Cr（Ⅵ）来说，当 pH≥7 时，主要以 CrO_4^{2-} 形态赋存；当 pH<6 时，主要以 $HCrO4^-$ 形态赋存。

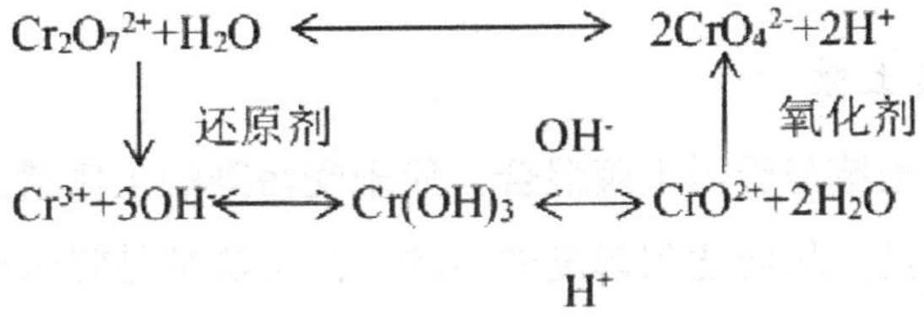

$$Cr_2O_7^{2+}+H_2O \longleftrightarrow 2CrO_4^{2-}+2H^+$$

↓ 还原剂　　　　OH⁻　　　　↑ 氧化剂

$$Cr^{3+}+3OH^- \longleftrightarrow Cr(OH)_3 \longleftrightarrow CrO^{2+}+2H_2O$$

H^+

图 5-1　铬的价态转化

土壤中具有很多能够吸附 Cr（Ⅲ）的表面官能团，这些官能团能够降低 Cr（Ⅲ）迁移性，同时也能够吸附 Cr（Ⅵ），形成金属的次级储藏室。但是这些官能团对二者的吸附特性是不同的，所以其迁移特性也不尽相同。有学者研究表明，土壤中的黏土矿物对 Cr（Ⅲ）的吸附远远高于 Cr（Ⅵ），为 30~300 倍。土壤吸附 Cr（Ⅲ）后，形成铬—铁的氢氧化物，所以难以发生迁移。但是 Cr（Ⅵ）具有较强的迁移能力，土壤胶体对其吸附的能力较弱，所以还有很大一部分 Cr（Ⅵ）游离在土壤中，随着土壤水体迁移，造成污染。但是 Cr（Ⅵ）能够被土壤中腐殖质、有机质等还原为 Cr（Ⅲ），Cr（Ⅲ）在土壤中更易被吸附固定。

土壤中还存在着其他铬的形态，目前国内外通过一些分析方法将其分为以下几种形态：酸可提取态、可还原态、可氧化态和残渣结合态。前两者容易随着水体、土壤液体等迁移转化，易被植物吸收，通过食物链危害生物。后者可以被土壤吸附固定，稳定性较强。因此，土壤铬污染修复的目的就是改变铬的赋存形态，降低迁移性。

（三）土壤中铬的危害

铬渣的高毒性主要来自铬酸钙和 Cr（Ⅵ），首先铬渣会影响土壤理化性质、脲酶、过氧化氢酶活性以及微生物群落的多样性。张宇虹①研究表明，高浓度的铬会抑制微生物的生长，酶活性也会随之降低。土壤中铬的含量过高时，植物也会受到损害，如株高、生物量、生化指标等均会受到影响。鲁先文等②研究表明，当铬含量超过 5 mg/L 时，叶绿素总量降低。Cr（Ⅵ）还能利用食物链进入人的身体，严重者会导致癌症、畸形以及基因突变等不良后果。而 Cr（Ⅲ）却与 Cr（Ⅵ）不尽相同，不但毒性不高，还是动植物以及人类生存发展的必需微量元素。因此把存在于土壤中 Cr（Ⅵ）转化为 Cr（Ⅲ）是一种有效降低 Cr（Ⅵ）毒性的方法。

二、铬污染土壤修复技术

土壤铬污染修复目前有两种思路：（1）将土壤中高毒、迁移性较强的 Cr（Ⅵ）还原为 Cr（Ⅲ），控制其迁移能力和生物可利用性。（2）将超累积植物种植在受污土壤上，通过收割等方式彻底去除重金属铬。根据以上思路，土壤铬污染修复技术主要分为客土法/换土法、固定法/稳定法、土壤淋洗、电动修复技术、化学还原法、生物法、固定化微生物法等。

（一）客土法/换土法

客土法是指将清洁土壤与受污土壤混合，使未受污染的土壤通过自身肥力、无污染的状态降低土壤中铬的含量，从而达到修复的目的。换土法则是将未受污染的土壤与受污土

① 张宇虹．重金属铬对植物生长影响的研究进展［J］．科技风，289（7）：199.

② 鲁先文，余林，宋小龙．重金属铬对小麦叶绿素合成的影响［J］．农业与技术，2007（4）：60-63.

壤进行置换。两者修复的实质只是将污染物从地上转移到地下，但是并没有从根本上解决污染问题。还有可能使铬随着水资源的灌溉进入食物链，对动物、植物造成一定损伤。虽然这两种方法操作简便、效率高、能够快速有效地降低铬含量，但是仅适用于小面积污染的土壤，并且很难在现代社会推行。

（二）固定法/稳定法

固定法是将含有 Cr（Ⅵ）还原剂的一些黏结剂与受污土壤进行混合，混合后就会将土壤中的 Cr（Ⅵ）稳固在土壤中，使迁移能力降低。而稳定法是指利用化学方法降低铬的活性、浓度、可溶性，从而达到降低对环境危害的目的。其中黏结剂的使用主要有水泥和硅藻土，两者比较容易获取，且有效、经济。固定法/稳定法的关键是通过添加黏结剂将土壤中的 Cr（Ⅵ）固定，阻挡污染物迁移，但是黏结剂的添加会导致土壤的肥力下降，不能用于耕地土壤修复。

（三）土壤淋洗

土壤淋洗技术是通过淋洗剂与土壤中的铬反应，反应成可溶的铬酸根离子或者铬酸盐络合物，再用清水将污染物洗脱，从而达到修复的目的。最后将淋洗中的洗脱液进行处理，其中有些颗粒较细的土壤在处理达标后可以进行使用。土壤淋洗根据淋洗剂不同可以分类为物理溶解、酸溶、离子交换、络合、氧化还原反应等。淋洗剂也分为多种，如有机酸、表面活性剂、络合剂等。土壤淋洗技术比较适用于大面积修复，特别是渗透能力较好的土壤，但是选择不恰当淋洗剂会造成土壤修复区域的二次污染、破坏土壤结构。

（四）电动修复技术

20 世纪 90 年代电动修复技术初步形成，逐渐成为研究热点。电动修复技术是指将铬污染土壤通入低压直流电，此时重金属离子可以迁移到可收集或者移除的地方。电极通入低压直流电放置受污土壤中时，阳极会产生 H^+，阴极会产生 OH^-，Cr（Ⅲ）向阴极移动，而 Cr（Ⅵ）向阳极移动，最后土壤中的污染物会被引导到土壤表层进行去除。电动修复技术不会破坏土壤结构，不会导致二次污染，但是仅适用渗透性较低的土壤。并且土壤含水量和污染物溶解度对处理效果有着严重的影响，实际应用还需要进一步的研究。

（五）化学还原法

化学还原法是利用铁屑、多硫化钙、硫化物等还原剂将毒性较高的 Cr（Ⅵ）还原为毒性较低的 Cr（Ⅲ），形成能够被土壤胶体吸附的沉淀，降低 Cr（Ⅵ）的迁移能力，进而减少铬的危害。该方法操作简单，修复时间较短，但是还原剂只能在土壤颗粒间反应，致使土壤内部的 Cr（Ⅵ）很难被去除，并且还原剂的添加还会带来土壤二次污染，所以还需对化学还原法进行深层次研究。

（六）生物法

生物法是以生物代谢活动对土壤中的铬进行降解、吸附、转化固定，减少铬的迁移能力和生物可利用性。生物技术最初起步于有机污染物修复，对于重金属修复的研究刚刚起步，目前还处于实验室或者中试阶段。该方法修复效果好，无二次污染，经济。

（七）固定化微生物法

固定化微生物技术属于生物处理技术的一种。固定化微生物技术是指利用某些手段将分散的微生物固定于有限的空间内并保持其活性和可反复使用的一种技术。该技术能够在固定区域内提高微生物的密度，减少微生物的流失，培养优势微生物种群，提高处理效果。

固定化微生物的制备方法有很多种，吸附法、包埋法、共价结合法、交联法是最为常用的方法。

吸附法相较于其他方法是一种既便宜又有效的方法，利用具有吸附能力的载体通过与微生物之间的吸附、静电等作用把微生物吸附固定在载体上。吸附法一般分为物理吸附和离子吸附。物理吸附是通过硅胶、活性炭、多孔玻璃、硅藻土等吸附能力较高的物质对微生物进行固定。离子吸附是将微生物解离后固定在带有相反电荷的离子交换剂上，如DEAE—纤维素等。吸附法容易操作，反应条件对微生物活性影响较小，载体还可以反复利用。

包埋法是指通过聚合作用使微生物进入多孔性载体内，制备具有机械性的微生物包埋小球。微生物在载体材料形成的网格中进行迁移，但不会扩散到周围环境中去。包埋法又可以分为高分子合成包埋、离子网络包埋以及沉淀包埋法。包埋法与吸附法一样操作便捷，对微生物活性影响小，制作的材料强度高，但是包埋材料会影响底物和氧气的扩散，不利于大分子底物应用。

共价结合法是指微生物表面的官能团与固相支持无表面的反应基团形成共价化学键，得到固定化微生物。两者形成的化学键比较稳定，不易脱落，但是两者反应条件不利于微生物活性的保持，操作比较复杂，所以利用该方法制备固定化微生物时，微生物大多死亡，达不到修复的目的。

交联法是指通过多个官能团与微生物表面官能团进行交联形成共价键来固定微生物。如戊二醛、甲苯二异氰酸酯等交联剂。交联法反应条件与共价结合法相同也比较剧烈，对微生物影响较大，不利于修复。

三、铬还原菌的筛选、鉴定及生长还原特性

（一）菌株筛选、鉴定

1. 菌株分离

如图 5-2 和表 5-3 所示，根据菌落的形状、大小、颜色等特点，经过多次筛选、分离和纯化，共筛选出 7 株对 Cr（Ⅵ）能够耐受的细菌，分别命名为 A、B、C、D、E、F、G，通过这 7 株细菌对 Cr（Ⅵ）还原能力的测定发现这 7 株细菌均有不同还原 Cr（Ⅵ）的能力，这可能是由于菌株长期生长在铬污染的土壤中，自身具备这样的能力。其中 A、B、C、E、F5 株细菌的还原率均在 20%以下，最低抑制浓度也在 250 mg/L 以下，而 D 和 G 的还原能力可以达到 78%和 80. 10%，最低抑制浓度为 350 mg/L 和 300 mg/L。所以初步筛选出 2 株具有较高抗性和还原能力的菌株，编号为 D 和 G。

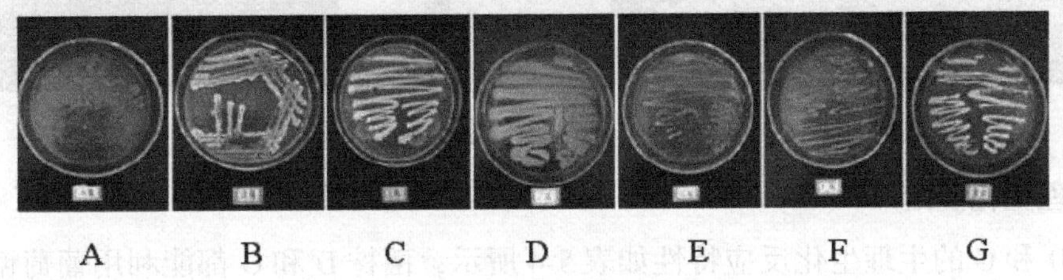

图 5-2 细菌形态图

表 5-3 细菌最低抑制浓度及还原率

菌株类型	最低抑制浓度	还原率
A	150 mg/L	11. 6%
B	150 mg/L	17. 3%
C	250 mg/L	18%
D	350 mg/L	78%
E	200 mg/L	19. 84%
F	100 mg/L	11. 70%
G	300 mg/L	80. 10%

2. 形态学鉴定

通过对细菌菌落形态、革兰氏染色以及 SEM 观察发现，如图 5-3 所示，菌株 D 菌落表面光滑，菌落颜色为白灰色，革兰氏染色阳性，菌体细胞杆状，有呈链的趋势；菌株 G 菌落表面光滑，呈黄色，革兰氏染色呈阳性，细胞呈球形，成对，四联或立方堆出现。

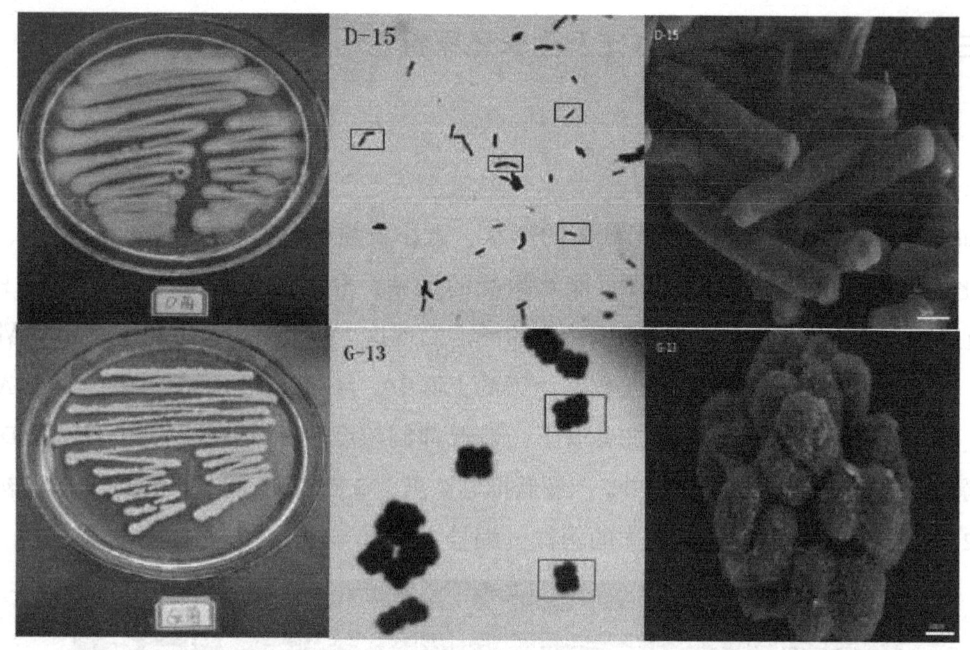

图 5-3　细菌菌落和微观形态

3. 生理生化鉴定

菌株 D 和 G 的生理生化反应特性如表 5-4 所示，菌株 D 和 G 都能利用葡萄糖，菌株 D 接触酶反应、甲基红实验、吲哚实验、硝酸盐还原实验、明胶水解实验、过氧化氢酶反应均为阳性，淀粉水解实验阴性；菌株 G 接触酶反应、淀粉水解实验、硝酸盐还原实验、明胶水解实验、过氧化氢酶反应均为阳性，甲基红实验、吲哚实验均为阴性。

表 5-4　菌株 D 和 G 的生理生化特性

实验名称	结果	
	D	G
接触酶	+	+
甲基红	+	−
淀粉水解	−	+
硝酸盐还原	+	+
吲哚	+	−
明胶水解	+	+
过氧化氢酶	+	+
葡萄糖	+	+

注：“+”表示呈阳性或者产酸，“−”表示呈阴性或者不产酸。

（二）菌株生长还原特性

1. 菌株生长曲线及 Cr（Ⅵ）还原效果检测

菌株的生长曲线能够反映菌株的生长状况、代谢情况、生长规律等多项指标。由图 5-4 可知，菌株 G 在 12h~36h 内进入对数期，在不含铬的培养基中，菌株 OD_{600} 从 0.01 增加到 1.80，在含铬（100 mg/L Cr（Ⅵ））的培养基中，菌株 OD_{600} 从 0.005 增加到 1.60，还原率也随之增加。在 36 h~60 h 进入了稳定期，菌株 OD_{600} 趋于稳定，细菌数量上下波动不大，但是因为稳定期中细菌繁殖速度下降，衰亡速率增加，新繁殖的细菌和死亡的细菌数量几乎一致，所以细菌总体数量达到最大，还原率也达到最高，为 80.40%。继续培养没有表现出还原率增加的趋势，此时由于菌株生长进入了衰亡期，营养物质消耗殆尽，死亡速率高于生长速率，还原率不再增加。由于处在对数生长期的菌株活性最强，代谢最快，因此，后续实验过程中以培养 30 h（对数期）的菌液做种子液。

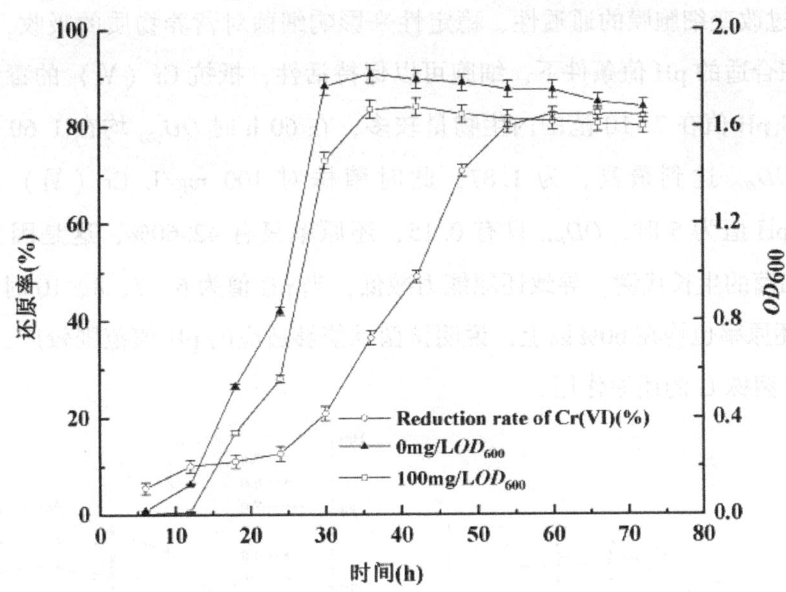

图 5-4 菌株还原能力与菌株生长关系

2. Cr（Ⅵ）初始浓度对还原效果的影响

由图 5-5 可知，当 Cr（Ⅵ）的浓度为 50 mg/L 时，OD_{600} 达到了 1.92，还原率为 99.10%，几乎能够被完全还原。伴随着 Cr（Ⅵ）浓度的升高，OD_{600} 及还原率逐渐下降。在 Cr（Ⅵ）浓度为 100 mg/L 时，OD_{600} 达到了 1.80，还原率为 80.30%；在 Cr（Ⅵ）浓度为 200 mg/L 时，菌株生物量与还原率明显下降，生物量为 1.28，还原率仅为 58%。本研究表明 Cr（Ⅵ）浓度的提高，对细菌产生了一定毒性，生长受到抑制，生物量降低，影响了还原效果。

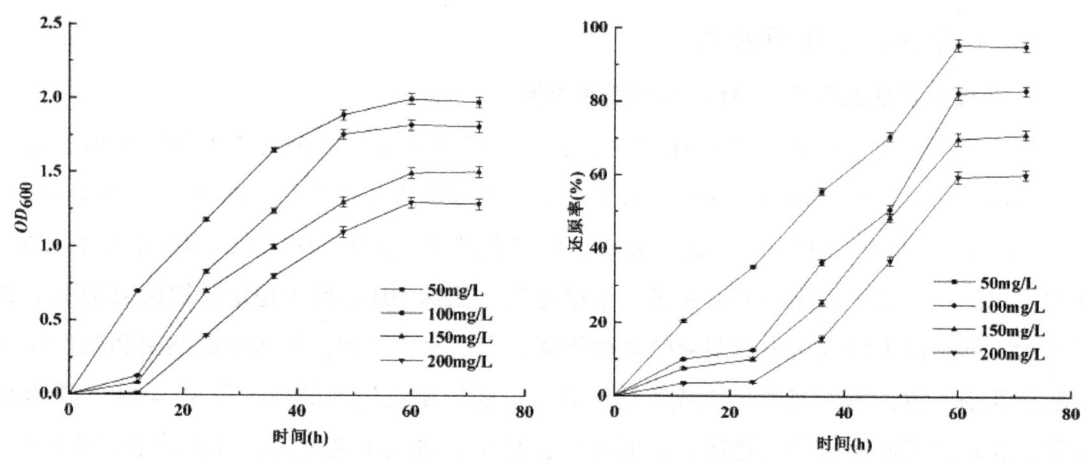

图 5-5 Cr（Ⅵ）初始浓度对还原效果的影响

3. pH 值对 Cr（Ⅵ）还原效果的影响

pH 值通过改变细胞膜的通透性、稳定性来影响细菌对营养物质的吸收，进而影响细菌的生长，在合适的 pH 值条件下，细胞可以保持活性，抵抗 Cr（Ⅵ）的毒性。由图 5-6 可知，菌株 G pH 值在 7~10 范围内生物量较多，在 60 h 时 OD_{600} 均在 1.60 以上；当 pH 值为 9 时，OD_{600} 达到最高，为 1.87，此时菌株对 100 mg/L Cr（Ⅵ）还原率达到 81.10%；当 pH 值为 5 时，OD_{600} 只有 0.15，还原率只有 42.60%，这是因为过低的 pH 值，抑制了细菌的生长代谢，导致还原能力减低；当 pH 值为 6、7、8、10 时，OD_{600} 均在 1.50 以上，还原率也均在 60%以上，说明该菌株能够适应的 pH 值范围较广，但在碱性条件下更有利于菌株 G 的还原作用。

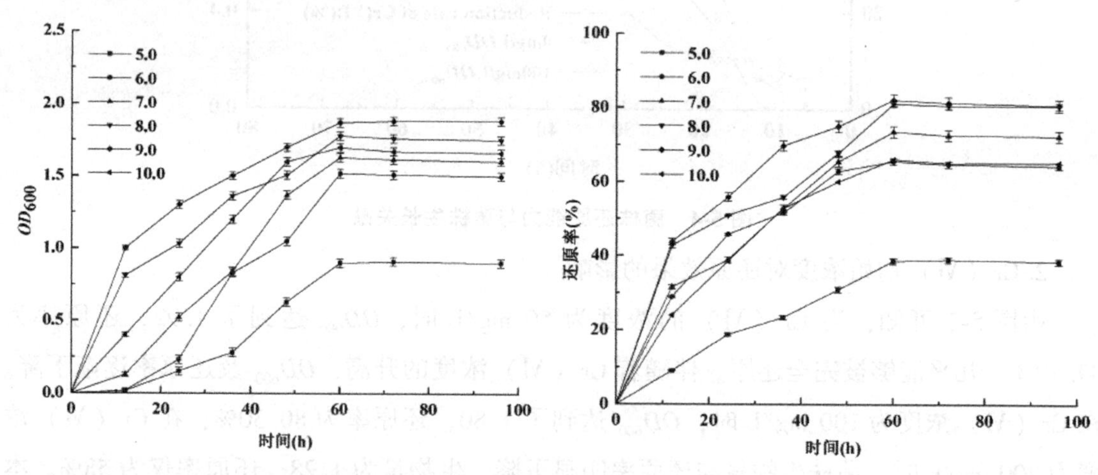

图 5-6 pH 值对菌株生长及还原的影响

4. 温度对 Cr（Ⅵ）还原效果的影响

温度会影响酶的活性、细胞膜的流动性以及物质的溶解性，进而影响微生物的生长及还原。由图 5-7 可知，菌株 G 在 30~40℃范围内生长良好，其中 30℃时，OD_{600} 值为 1.92，为最适温度，在此温度下菌株 G 的还原率也达到了最高，为 82.50%。而在 25℃、45℃、50℃时无论是菌株生物量还是还原率都比较低，OD_{600} 在 0.50 以下，还原率 20%以下，说明温度对细菌的生长影响较大。而在 45℃、50℃时，菌株的生物量以及还原能力都低于 25℃，说明高温对菌株的影响更为明显，使菌株直接死亡，生长受到影响，还会使菌株中还原酶活性位点失活，造成还原率降低。

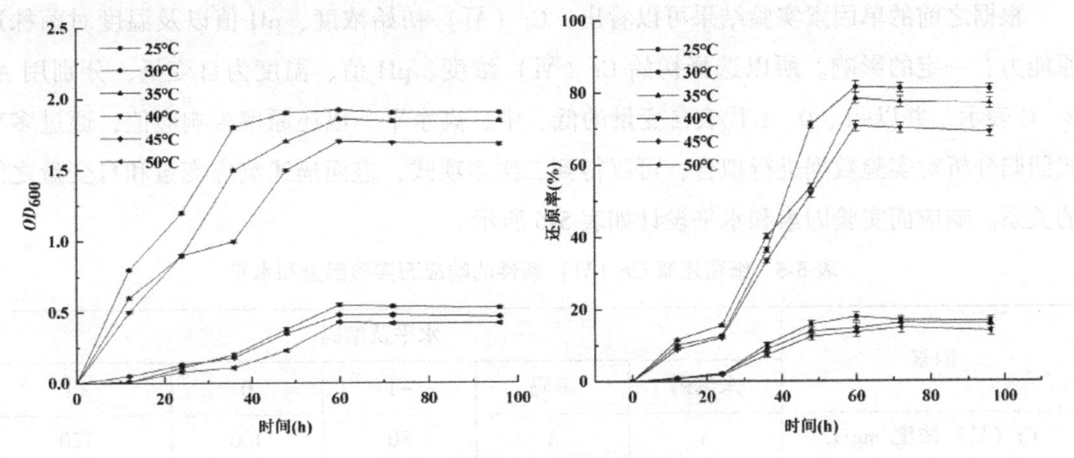

图 5-7　温度对还原效果的影响

5. 还原反应中 Cr（Ⅵ）、Cr（Ⅲ）、总铬的关系

由图 5-8 可知，随着时间的延长，60 h 内 Cr（Ⅵ）的浓度从 100 mg/L 下降到 15.60 mg/L。研究发现，Cr（Ⅵ）浓度的下降伴随着 Cr（Ⅲ）浓度的增加，60 h 内 Cr（Ⅲ）逐渐增加到 80.01 mg/L，总铬仅有轻微的下降。还原过程中，Cr（Ⅵ）与 Cr（Ⅲ）的含量达到均衡，但菌株仍在代谢生长，还原反应继续，直到趋于稳定。这说明 G 主要以还原为主，将 Cr（Ⅵ）还原为 Cr（Ⅲ），具有较低的吸附能力。

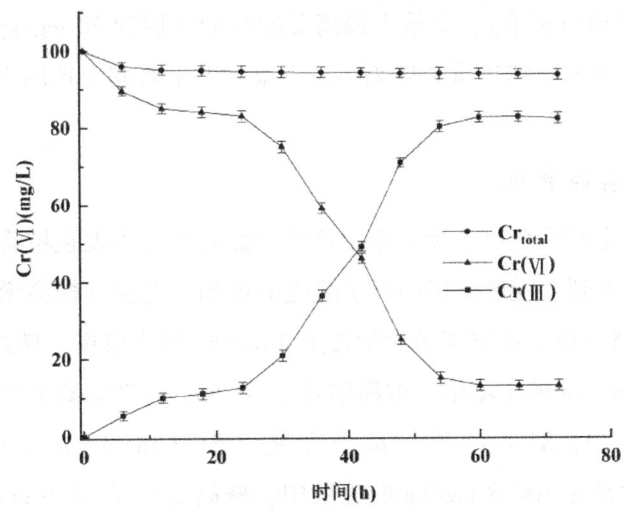

图 5-8　Cr（Ⅵ）、Cr（Ⅲ）、总铬的关系

6. Cr（Ⅵ）还原条件响应面优化

响应面法的优点很多，如试验次数不多、试验时间短、精密度较高、能够得到较高的精度的回归方程、预测性能好、能研究几种因素间交互作用等，所以本研究通过响应面法优化菌株 G 还原 Cr（Ⅵ）条件。利用回归方程优化实验条件，确定菌株还原率最高时的条件组合。

根据之前的单因素实验结果可以看出，Cr（Ⅵ）初始浓度、pH 值以及温度对菌株还原能力有一定的影响。所以选择初始 Cr（Ⅵ）浓度、pH 值、温度为自变量，分别用 A、B、C 表示，并以-1、0、1 代表自变量的低、中、高水平。以还原率为响应值，通过多项式回归分析对实验数据进行拟合，可以得到二次多项式，进而描述响应变量和自变量之间的关系。响应面实验因素和水平设计如表 5-5 所示。

表 5-5　细菌还原 Cr（Ⅵ）条件的响应面实验因素和水平

因素	水平及编码				
	未编码	编码	−1	0	+1
Cr（Ⅵ）浓度/mg/L	a	A	80	100	120
pH 值	b	B	8.5	9	9.5
温度/℃	c	C	28	30	32

第三节　龙葵修复重金属镉污染的研究

一、镉离子胁迫下龙葵的生长变化

根据《土壤环境质量标准》，土壤中镉离子的污染限值为 20 mg/kg，超标倍数不得超过 1.5 倍；所以在探究龙葵修复重金属镉污染土壤的效果研究中选用土壤重金属镉的浓度为 20 mg/kg。

（一）龙葵株高的变化

由图 5-9 可知，土壤重金属环境胁迫对龙葵的影响首先体现在植物株高生长量的指标上。可以从图 5-9 观察到，随着土壤镉离子浓度的增加，龙葵的株高增长量呈现先增加后减少的趋势。经过 35 d 后，在镉离子含量为 1.5 mg/kg 的土壤中，株高增长了 10 cm；在镉离子含量为 12.8 mg/kg 的土壤中，株高增长了 10.5 cm；在镉离子含量为 23.6 mg/kg 的土壤中，株高增长了 11.83 cm；在镉离子含量为 51.3 mg/kg 的土壤中，株高增长了 7.7 cm；在镉离子含量为 100.8 mg/kg 的土壤中，株高增长了 13.6 cm。土壤镉离子浓度为 0~20 mg/kg 时对龙葵的生长有促进作用，但随着镉离子含量的增加，会出现抑制龙葵生长的现象，从龙葵的其他生长状况来看，土壤镉离子浓度为 0~20 mg/kg 时，龙葵的茎生长更粗，开花率较高，并且果实的成熟率也较高；但随着镉离子含量的持续增加，龙葵的茎生长较细，开花率较低，并且果实的成熟率也较低，并且会出现叶片发黄，叶片容易蔫枯的症状。

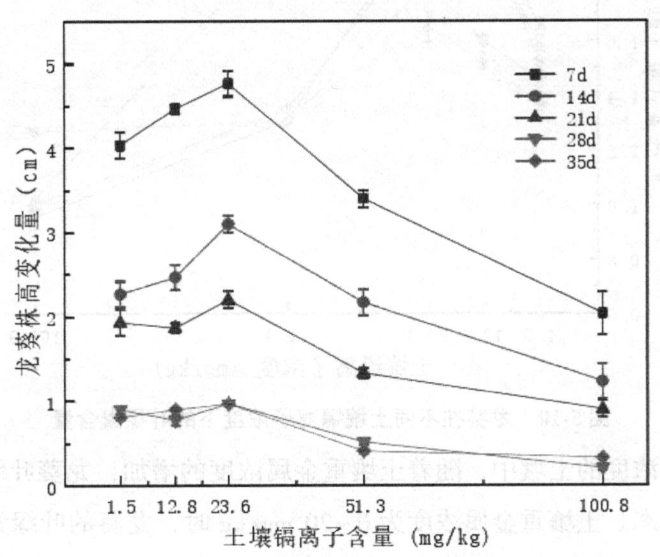

图 5-9　龙葵在不同土壤镉离子浓度下的株高变化量

（二）龙葵叶绿素含量的变化

叶绿素是帮助植物进行光合作用，吸收二氧化碳，呼出氧气、将光能转化为化学能的重要物质。当植物受到重金属胁迫时，叶绿素的含量可以间接地反应植物的生长状况。受到重金属胁迫的植物，会影响光合作用和呼吸作用，并且破坏叶绿素结构。

测量叶绿素的含量可以有效反应龙葵的生长情况，并且可以作为龙葵对含重金属土壤的耐受性指标。在不同处理周期下，不同土壤重金属浓度下，叶绿素含量都呈现先上升后下降的状态。在处理 21 d 时，龙葵叶片的叶绿素含量达到最高。但是经过 35 d 后，在镉离子含量为 1. 5 mg/kg 的土壤中，叶绿素含量下降了 0. 163 mg/g；在镉离子含量为 12. 8 mg/kg 的土壤中，叶绿素含量下降了 0. 48 mg/g；在镉离子含量为 23. 5 mg/kg 的土壤中，叶绿素含量下降了 0. 41 mg/g；在镉离子含量为 51. 3 mg/kg 的土壤中，叶绿素含量下降了 0. 0036 mg/g；在镉离子含量为 100. 8 mg/kg 的土壤中，叶绿素含量下降了 0. 34 mg/g（见图 5-10）。

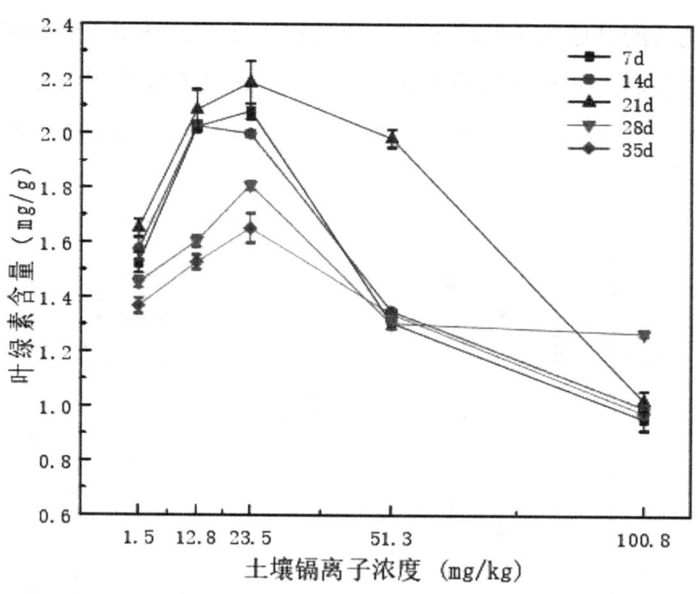

图 5-10　龙葵在不同土壤镉离子浓度下的叶绿素含量

在不同重金属浓度的土壤中，随着土壤重金属浓度的增加，龙葵叶绿素的含量呈现出先增加后减少的状态。土壤重金属浓度为 0～20 mg/kg 时，龙葵的叶绿素含量反而有所提高，提高的原因可能是在重金属的胁迫下，植物在面对不利环境时，对自身起保护作用，增加了自身的抵抗能力，加强了叶片的光合能力，所以一定浓度的重金属含量可以提高龙葵的叶绿素含量。但随着土壤重金属含量的增加，再加上长时间处于重金属胁迫环境下，植物体内重金属含量增加，影响了龙葵的新陈代谢，植物光合作用的能力也随之下降，龙葵叶片的叶绿素含量下降。

（三）龙葵抗氧化物酶的变化

植物在自身的有氧代谢过程中，大量的超氧阴离子、双氧水、单线态氧和自由基等有毒物质会在体内产生。这些有毒物质会使植物的蛋白质构象改变、核酸断裂和细胞膜损害。如果这些有毒物质在体内不能及时清除，就会对植物的正常生长发育产生严重的危害。在植物正常的生命活动中，有毒物质活性氧的产生和清除处于一种动态平衡中。在干旱、重金属胁迫、水分胁迫、低温、高温、盐渍、强光等的不利条件下，都会加速植物体内有毒物质活性氧的累积。研究表明，植物体内抗氧化物酶是保护植物受到活性氧危害的重要物质。所以测定植物抗氧化物酶活性是观察植物受到极端条件（重金属胁迫）时的生长状况的重要指标。

1. 超氧化物歧化酶

超氧化物歧化酶（SOD 酶）是清除植物体内氧自由基的酶，它可以催化超氧负离子转变为氧气和过氧化氢。

如图 5-11 所示，在不同的培养周期下（7d、14d、21d、28d 和 35d），超氧化物歧化酶的活性总体呈现下降趋势。可能的原因是，当龙葵处于土壤重金属环境的胁迫下时，体内的 SOD 酶会先对植物起到保护作用，保护植物免受重金属的迫害，但是随着时间的延长，土壤重金属迫害植物酶系统，相应的也会导致 SOD 酶活性呈现下降的趋势。经过 35d 后，在镉离子含量为 1.5 mg/kg 的土壤中，SOD 酶活性下降了 194.59 g/mL；在镉离子含量为 12.8 mg/kg 的土壤中，SOD 酶活性下降了 136.33 mg/g；在镉离子含量为 23.6 mg/kg 的土壤中，SOD 酶活性下降了 125.84 mg/g；在镉离子含量为 51.3 mg/kg 的土壤中，SOD 酶活性下降了 277.32 mg/g；在镉离子含量为 100.8 mg/kg 的土壤中，SOD 酶活性下降了 65.25 mg/g。

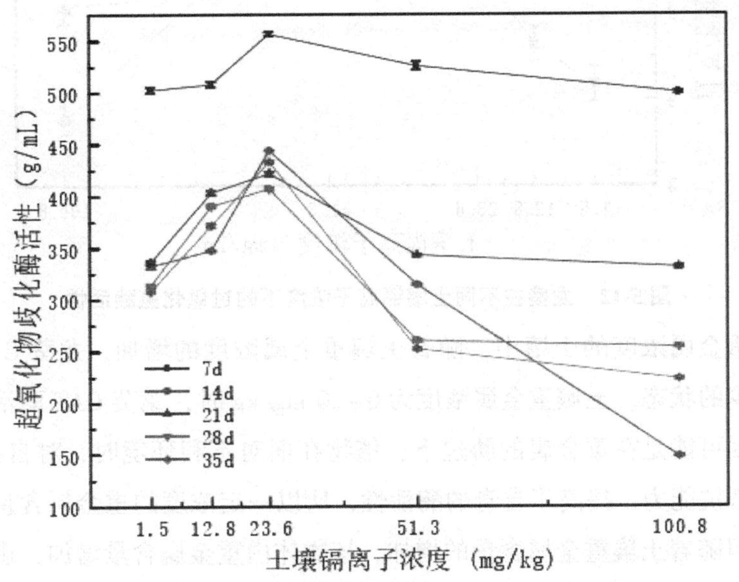

图 5-11　龙葵在不同土壤镉离子浓度下的超氧化物歧化酶活性

在不同的重金属浓度的土壤中，随着土壤重金属浓度的增加，龙葵 SOD 酶活性呈现出先增加后减少的状态。土壤重金属浓度为 0~20 mg/kg 时，龙葵 SOD 酶活性反而有所提高，提高的原因可能是在重金属的胁迫下，植物在面对不利环境时，对自身起保护作用，增加了自身的抵抗能力，提高了自身的酶活性，所以一定浓度的重金属含量可以提高龙葵 SOD 酶活性。但随着土壤重金属含量的增加，植物体内重金属含量增加，影响了龙葵的新陈代谢，植物受到重金属迫害严重，龙葵 SOD 酶活性下降。

2. 过氧化氢酶

过氧化氢酶（CAT 酶）在植物体内的主要作用是催化过氧化氢分解为水和氧。

如图 5-12 所示，在不同的培养周期下（7d、14d、21d、28d 和 35d），在培养周期为 7d 时，CAT 酶活性在土壤镉离子浓度为 51.3 mg/kg 时达到最高，为 13.278 U/mgprot；在培养周期为 14d、21d、28d 和 35d 时，CAT 酶活性在土壤镉离子浓度为 23.6 mg/kg 时达到最高，分别为 11.7998 U/mgprot、11.684 U/mgprot、12.293 U/mgprot 和 11 .829 U/mgprot。

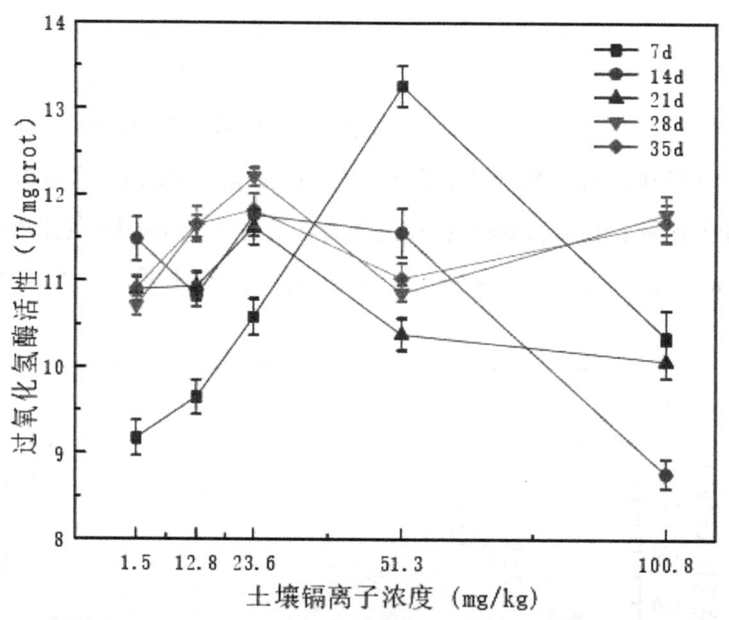

图 5-12　龙葵在不同土壤镉离子浓度下的过氧化氢酶活性

在不同的重金属浓度的土壤中，随着土壤重金属浓度的增加，龙葵 CAT 酶活性呈现出先增加后减少的状态。土壤重金属浓度为 0~20 mg/kg 时，龙葵 CAT 酶活性反而有所提高，提高的原因可能是在重金属的胁迫下，植物在面对不利环境时，对自身起保护作用，增加了自身的抵抗能力，提高了自身的酶活性，所以一定浓度的重金属含量可以提高龙葵 CAT 酶活性。但随着土壤重金属含量的增加，植物体内重金属含量增加，影响了龙葵的新陈代谢，植物受到重金属迫害严重，龙葵 CAT 酶活性下降。

（四）龙葵丙二醛含量的变化

植物体内的丙二醛的含量是衡量植物衰老程度和抗逆性的重要指标。当植物衰老或者处于逆境的情况下，会发生膜脂过氧化作用。丙二醛就是植物膜脂过氧化的最终产物。丙二醛的积累会对植物的生长造成危害，它会和蛋白质、核酸发生反应，使它们丧失功能，还会抑制植物体内蛋白质的产生。所以说观察植物体内丙二醛的含量高低可以衡量植物受到重金属胁迫的严重程度。丙二醛的含量高，说明植物细胞膜质过氧化程度高，细胞膜受到的伤害越严重，与此同时，说明机体越需要进行更激烈的胁迫应答反应。

如图 5-13 所示，在不同的培养周期下（7d、14d、21d、28d 和 35d），龙葵丙二醛含量都呈现上升趋势。在培养周期为 7d 时，丙二醛含量在土壤镉离子浓度为 100. 8 mg/kg 时达到最高，为 2. 0897 nmoL/mgprot；在培养周期为 14d 时，丙二醛含量在土壤镉离子浓度为 100. 8 mg/kg 时达到最高，为 6. 927 nmoL/mgprot；在培养周期为 21d 时，丙二醛含量在土壤镉离子浓度为100. 8 mg/kg时达到最高，为5. 659 nmoL/mgprot；在培养周期为28d时，丙二醛含量在土壤镉离子浓度为100. 8 mg/kg时达到最高，为7. 279 nmoL/mgprot；在培养周期为35d时，丙二醛含量在土壤镉离子浓度为100. 8 mg/kg时达到最高，为6. 692 nmoL/mgprot。

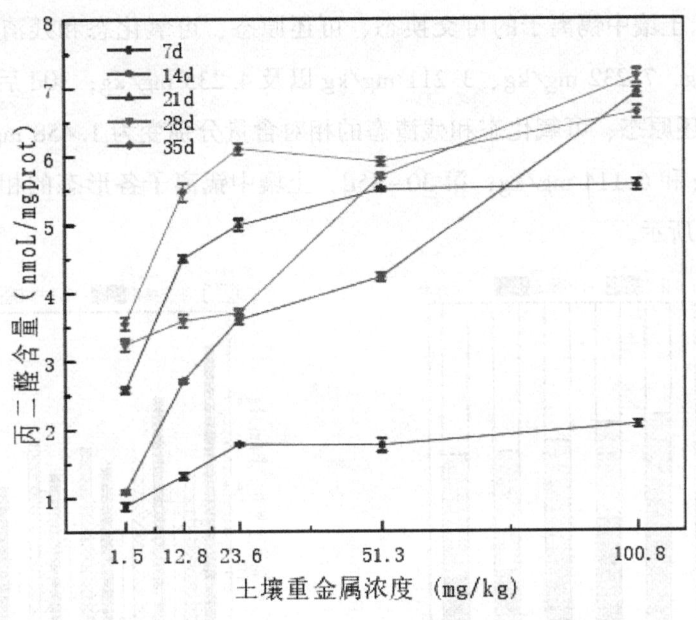

图 5-13 龙葵在不同土壤镉离子浓度下的丙二醛含量

在不同的重金属浓度的土壤中，随着土壤重金属浓度的增加，龙葵丙二醛含量呈现出逐渐增加的趋势。由此可以看出，土壤重金属对植物的迫害程度不断加大。并且我们可以看出，在同一种重金属浓度下，随着时间的推移，龙葵受到重金属迫害的程度也不断增加，具体表现为龙葵丙二醛含量的不断增加。

二、龙葵对镉离子形态的影响

在龙葵修复镉污染研究中，从总体趋势来看，残渣态和可氧化态这两个比较稳定的重金属形态所占的比例呈现上升的趋势，而可还原态以及可交换态这两个比较活跃的重金属形态所占的比例呈现下降的趋势。这说明在龙葵的作用下，土壤重金属形态从较为活跃的状态转化为较为稳定的状态，土壤中镉离子实现了固定化。这一现象产生的原因可能是由于植物通过自身根际吸附、沉淀、螯合或者降低金属原子的化合物价态从而实现了固定化，也有可能是由于植物通过分泌特殊的还原酶，从而把那些毒性较强的金属离子转化为毒性较弱的金属离子。同时可以观察到，重金属总量以及重金属活化态有了很明显的下降趋势，说明龙葵对于重金属活化态的吸附作用较强。

在第0d时，土壤中镉离子的可交换态、可还原态、可氧化态和残渣态的相对含量分别为 27.8%、35.6%、15.8%以及 20.8%；30d 后，土壤中镉离子的可交换态、可还原态、可氧化态和残渣态的相对含量分别变为 9.9%、14.7%、33.9%和 41.5%；第 30~35d，土壤中镉离子各形态的相对含量逐步趋于稳定，维持在 9.0%±0.5%、14.0%±0.5%、34.5%±0.5%以及 42.0%±0.5%附近。

在第 0d 时，土壤中镉离子的可交换态、可还原态、可氧化态和残渣态的绝对含量分别为 5.655 mg/kg、7.232 mg/kg、3.211 mg/kg 以及 4.235 mg/kg；30d 后，土壤中镉离子的可交换态、可还原态、可氧化态和残渣态的相对含量分别变为 1.458 mg/kg、2.168 mg/kg、4.998 mg/kg 和 6.114 mg/kg；第 30~35d，土壤中镉离子各形态的相对含量逐步趋于稳定。如图 5-14 所示。

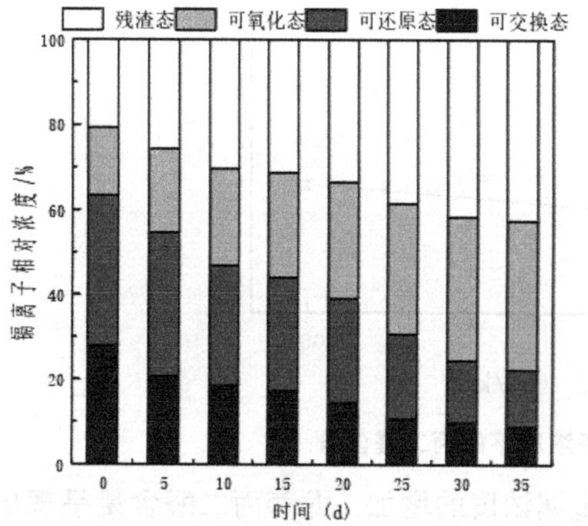

（a）土壤不同形态镉离子相对含量随时间变化

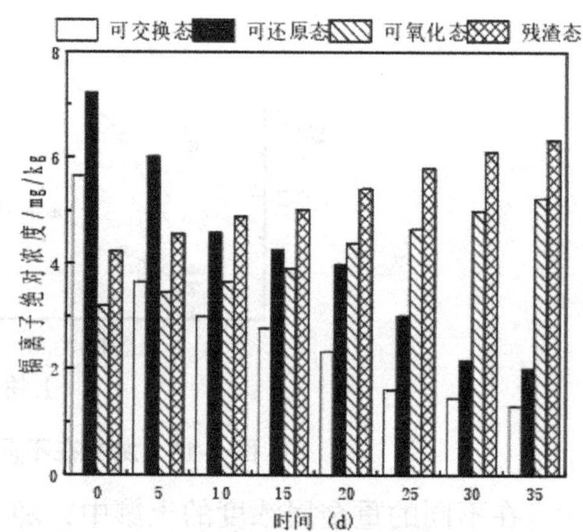

（b）土壤不同形态镉离子绝对含量随时间变化

图 5-14 龙葵修复组对土壤不同形态镉离子相对浓度及含量随时间的变化

三、龙葵体内镉离子累积含量的变化

将龙葵在不同的重金属浓度下（分别为 10 mg/kg、20 mg/kg、50 mg/kg、100 mg/kg），对它们进行重金属胁迫试验，试验周期分别为 10d、20d 以及 35d。龙葵在不同时间不同重金属浓度下地上部分以及地下部分的重金属累计量、富集系数以及转移系数见表 5-6 所示。

从表 5-6 中我们可以看到，龙葵在各个时间段的富集系数都大于 1，这说明龙葵吸收重金属镉离子的能力强。在第 10d 时，龙葵根部吸收重金属镉离子的浓度高于地上部分吸收重金属镉离子的浓度，地下部分的富集系数最大值达到了 3.693，地上部分的富集系数最大值达到了 2.825。随着时间的推移，龙葵地上部分吸收重金属镉离子的浓度高于根部吸收重金属镉离子的浓度，随着镉离子浓度的增加，地上部分和地下部分的富集系数都呈现出先增加后减少的趋势，转移系数在第 10d 时小于 1，但是在第 20d、35d 时均大于 1，转移系数最大可以达到1.597。这说明龙葵向上转移重金属的能力较明显。

表 5-6　龙葵体内镉离子含量与土壤环境相关性分析

时间	Cd^{2+}浓度（mg/kg）	地上部分（mg/kg）	地下部分（mg/kg）	富集系数		转移系数
				地上部分	地下部分	
10d	0	—	—	—	—	—
	10 mg/kg	18.36	30.22	1.836	3.022	0.608
	20 mg/kg	35.17	44.96	1.759	2.248	0.782
	50 mg/kg	141.23	184.65	2.825	3.693	0.765
	100 mg/kg	189.36	210.38	1.894	2.104	0.900
20d	0	—	—	—	—	—
	10 mg/kg	62.14	47.36	6.214	4.736	1.312
	20 mg/kg	136.88	101.25	6.844	5.063	1.352
	50 mg/kg	299.34	210.38	5.984	4.208	1.423
	100 mg/kg	396.58	287.23	3.966	2.872	1.381
35d	0	—	—	—	—	—
	10 mg/kg	99.54	62.35	9.954	6.235	1.597
	20 mg/kg	199.66	147.26	9.983	7.363	1.356
	50 mg/kg	438.78	314.54	8.776	6.291	1.395
	100 mg/kg	641.21	450.23	6.412	4.502	1.424

四、龙葵体内镉离子含量与土壤环境相关性分析

在龙葵吸收土壤重金属镉的过程中，可以明显观察到，龙葵地上部分以及地下部分都与土壤中可交换态镉、可还原态镉以及土壤 pH 值呈负相关，与可氧化态以及残渣态呈正相关，这说明龙葵主要吸收土壤中的可交换态以及可还原态镉离子。

表 5-7　龙葵体内镉离子含量与土壤镉形态及 pH 值的相关性

项目	龙葵体内镉含量	
	地上部分	地下部分
可交换态	−0.999*	−0.993
可还原态	−0.954	−0.975
可氧化态	0.999*	0.999*

续表

项目	龙葵体内镉含量	
	地上部分	地下部分
残渣态	0.962	0.980
pH 值	-0.993	-0.999*

注：* 在置信度（双尾）为 0.05 时，相关性显著。

本节在不同重金属镉离子的胁迫下，测定龙葵的植株生长情况、叶绿素含量、超氧化物歧化酶活性、过氧化氢酶活性、丙二醛含量的变化情况，同时确定了龙葵地上部分和地下部分重金属镉离子的含量变化情况，得出了以下结论。

（1）重金属镉离子含量的增加会抑制龙葵生长。从龙葵的其他生长状况来看，土壤镉离子浓度为 0~20 mg/kg 时，龙葵的茎生长更粗，开花率较高，并且果实的成熟率也较高；但随着镉离子含量的持续增加，龙葵的茎生长较细，开花率较低，并且果实的成熟率也较低，并且会出现叶片发黄，叶片容易蔫枯的症状。

（2）在不同重金属镉离子浓度的土壤中，随着土壤镉离子浓度的增加，龙葵叶绿素的含量、超氧化物歧化酶以及过氧化氢酶活性以及丙二醛含量呈现出先增加后减少的状态。

（3）龙葵在各个时间段的富集系数都大于 1，这说明龙葵属于重金属镉离子高富集植物，转移系数最大可以达到 1.597。这说明龙葵向上转移重金属镉离子的能力较明显。龙葵主要吸收土壤中的可交换态以及可还原态镉离子。

（4）在龙葵的作用下，土壤重金属镉离子形态从较为活跃的状态转化为较为稳定的状态，土壤中镉离子实现了固定化。

第六章　微生物菌剂在盐渍化土壤改良领域的应用

第一节　盐渍化土壤概述

盐渍化土壤是重要的土地资源之一，对其进行科学合理的利用和开发，具有巨大的社会效益、经济效益和生态价值。

一、盐渍化土壤分布现状

造成土壤盐渍化的原因与分布于成土母质、地形、气候、水文条件及人类活动等皆有紧密关联①。根据联合国粮食及农业组织（Food and Agricultural Organization，FAO）和联合国教科文组织（United Nations Education Scientific and Cultural Organization，UNESCO）的报告，世界现有的盐渍土面积已达 9.5438×10^{8} hm^{2}。除未调查区域外，上百个国家与地区均有盐渍土分布，且全球盐碱地以每年 10 万～15 万 hm^{2} 的速度增加②。

我国盐渍化土壤在各个地区几乎均有分布，主要集中在陕西、甘肃、青海、宁夏、内蒙古和新疆中西部六省区。中西部六省区气候普遍干旱，地形封闭或低平，有利于土壤中盐分的上升、聚集。根据我国土壤特点和土壤分类原则，盐渍土可分为盐土和碱土两类，潮盐土和滨海盐土属于盐土一类。我国大部分次生盐渍化土壤属于潮盐土，主要是由人不合理的耕作或灌溉等行为引起的，尤其以黄海冲积平原的分布最为广泛。滨海盐土沿着我国 1.8 万千米的海岸线呈宽度不等的平行状分布，但由于海岸线的类型、长短不同，其特征、面积存在很大差异。另外，长江以北的盐渍土多呈片状大面积分布，长江以南则多呈斑状或窄条状分布。

---

① 杨真，王宝山．中国盐渍土资源现状及改良利用对策［J］．山东农业科学，2015（4）：125-130.

② Zhang Z，Jilili A，Hamid Y. The Occurrence，Sources and Spatial Characteristics of Soil Salt and Assessment of Soil Salinization Risk in Yanqi Basin，Northwest China［J］. Plos One，2014，9（9）：e106079-e106079.

二、盐渍化土壤危害与成因

（一）危害

盐渍化土壤中过高的盐度和碱度会对作物的生长产生一定的危害，同时由于土地的盐渍化加剧，协同迫害作用更为明显，给土壤、植物和微生物环境造成了严重危害，这并不符合绿色发展的要求。依据相关部门的分析预测，2050 年全世界人口将增长到 22 亿人，应对人口增长对食物的需求是人类所面临的重大挑战。由此可见，开发利用盐碱地土壤具有巨大的潜力和经济效益。

1. 对土壤产生的危害

盐渍化土壤的一般特征具体可以表现为盐碱成分高。土壤的 pH 值和电导率 EC 较高，土壤水分含量较低，容重较高，土壤透气性差，土壤中微生物不宜生存，导致微生物多样性低，生态系统变得脆弱。由于微生物的种类少，且生长代谢受到抑制，土壤中的速效养分得不到利用，从而加速了土壤盐渍化的进程。李凤霞等①的研究表明土壤盐碱成分能抑制酶的活性，随着盐碱含量增加，土壤碱性磷酸酶、脲酶和过氧化氢酶活性下降。然而，土壤酶活性与盐碱土壤肥力密切相关。由于盐碱土的含水率不高引起土壤板结问题，使植物无法生存，盐渍化土壤的速效养分利用率低，造成大面积耕地资源的浪费。

2. 对植物生长产生的危害

由于土壤盐渍化，对植物所产生的生物毒害作用将会严重制约农作物产品的生产和正常生理发育，甚至造成土壤中农作物产品的缺苗、枯苗问题，最终导致减产，从而对土壤农作物的正常生产发展造成严重的危害②。盐渍化的土壤中过量的可溶性盐分的积聚，促使土壤中的渗透压得到提升，进而使植物从土壤中吸收水分和养料的正常生长发育过程受到阻碍，最终导致植物的萎蔫甚至死亡。尤其是在较为干旱的季节，土壤表面的受热蒸发使大量的水分流失，从而使土壤盐浓度急剧升高，产生了高盐浓度环境。同时，对植物细胞的原生质以及植物细胞蛋白质造成了损害，植物细胞因此而受到破坏。除此之外，土壤盐浓度的急剧升高，使植物从土壤中吸收磷和钾等营养元素的正常生理活动受到阻碍，进而对植物的生长与发育过程造成一定的影响。盐碱地土壤本身的土壤理化性质所产生的问题，对土地的生产力产生了严重的制约，一定程度地抑制了植物正常的生长发育过程。

3. 对土壤生态系统的危害

随着土壤盐渍化程度加重，土壤中细菌、放线菌、真菌的数量呈现降低趋势，造成盐

---

① 李凤霞，王学琴，郭永忠，等．宁夏引黄灌区不同盐化程度土壤酶活性及微生物多样性研究［J］．水土保持研究，2013，20（1）：61-65.

② 李秀军，松嫩平原西部土地盐碱化与农业可持续发展［J］．地理科学，2000，22（1）：51-55.

渍化土壤生物多样性简单，微生物数量少且结构单一。Sar 等[①]研究表明未开垦的盐碱土壤的微生物数量明显少于正常农用土壤。另外，盐碱成分会改变土壤微生物对环境的适应性，进而影响其生存。Shi 等[②]研究盐碱地微生物结构，发现盐碱地土壤细菌以乳杆菌属、芽孢杆菌属为主，放线菌中链霉菌属占优势，真菌以青霉属为主。牛世全等[③]对河西走廊盐碱土进行研究，发现土壤脲酶、磷酸酶、土壤速效磷含量与真菌、放线菌的数量具有相关性，土壤磷素的循环显著影响微生物数量。

4. 对土壤可持续发展产生制约

众所周知，土地是进行农业生产与发展以及林业生产与发展的最基本的生产资料，同时，农林业的发展情况主要取决于土地的状况，因而土壤的盐渍化将会给农林业的可持续发展带来极大的危害。农业和林业的发展在人类的生存与发展中有着极其重要的地位，是人类以及生态系统可持续发展的根本。相关研究表明，草原和林地在光合作用过程中会吸收大量的 CO_2，同时排除大量的 O_2，从而净化了空气，而草原和林地大面积的减少会使 CO_2 在大气中的浓度急剧升高，臭氧层因此受到破坏，温室效应问题加重。简言之，草原和林地的大面积退化，严重破坏了土壤生态平衡，从而对整个地球产生严重的破坏作用。

5. 造成食品安全隐患

随着栽培时间的延长，次生盐渍化土壤盐分呈显著的表聚现象，60~80 cm 土层的盐分聚集量逐渐上升，尤其是硝态氮含量的积累是形成地下水污染的潜在污染源之一。此外，土壤中的磷素含量过多也会对环境造成一定程度的影响：其一是在质地较粗的土壤中会发生磷素的淋失；其二是表土中的磷素会经土壤侵蚀和地表径流进入水体中，引起水体的富营养化。全国污染源调查报告表明，我国已有 70%的饮用水硝酸盐含量超标，其中 57%来自农业污染；多种叶类蔬菜硝酸盐含量超标，最高含量至 3 000 mg/kg（联合国粮农组织规定人体对硝酸盐的日允许摄入量为 5 mg/kg 体重），如人体中硝酸盐含量过高，易使细胞组织缺氧，甚至造成人窒息死亡。

（二）成因

盐渍土由自然因素和人类活动造成，其形成的本质是各种易溶性盐类经各种因素转移到地面，这些盐分在土壤表面渐渐堆积，使土地的盐分含量增高，主要包括盐化和碱化两

① Sar L，Yang H S，Tai J C，et al. Effect of maize straw returning on soil fungal diversity in saline alkali soil［J］. Chinese Journal of Soil Science，2017，48（4）：937-942.

② Shi C F，Giang C Z，Leng X Y，et al. Effect of biogas residue on saline soil microbial community structure based on High-Throughput 16S rRNA metagenomics analyses［J］. International Journal of Agriculture and Biology，2018，20（8）：1861-1867.

③ 牛世全，杨建文，胡磊，等．河西走廊春季不同盐碱土壤中微生物数量、酶活性与理化因子的关系［J］．微生物学通报．2012，39（3）：416-427.

个过程。以滨海盐土为例，海水浸没后的淤泥露出水面后，在成土过程之前，可溶性盐类就已经积聚在土壤母质当中，并随着蒸发向表层运动逐渐形成盐渍土。土壤反复的积盐和脱盐过程，使土壤溶液中以碱性钠盐（氯离子和钠离子）为主，发生了碱化过程。

1. 自然因素

由于某些地区气候长期干旱，没有降雨，蒸发量和降水量的比值均大于1，土壤水盐运动以上升为主，土壤水分的上升运动速度超过了重力下降运动速度，在蒸降比较高的情况下，土壤中的可溶性盐类随着上升水流的蒸发和浓缩积累于地面；地形高低起伏和物质组成的不同直接影响了地面和地下径流的运动。同时，这种不同也影响到土体中的盐分运动，形成不同类型的盐渍情况。另外，水文及水文地质条件也与土壤盐渍化联系密切。特别是河流、渠道附近的土地，由于河水渗透造成地下水的水位升高，或者海水倒灌，也会形成盐碱地①。

2. 人类活动

社会不停发展，为了提高农牧业产量，人们长期过度地砍伐树木和放牧，打破了土壤与地下水位之间的平衡。后期缺乏对环境的治理，防渗措施不够完善，让这些盐分没有办法转移出去，改变了土地原来适宜植物生长的理化性质和内部结构，出现各种程度的盐渍化。随着我国经济的发展，现代化的农业技术显得尤为重要。然而，目前土地各种不合理的建设和错误的农田灌溉方式，仍然是造成耕地盐渍化的主要原因。

三、盐渍化土壤的修复措施

盐渍化土壤的改良和修复技术主要有三种常见措施：物理措施包括工程改良措施、农业耕作措施和覆盖改良措施等，化学措施包括有机肥料改良措施和化学改良剂改良措施等，生物措施主要是种植耐盐作物、微生物改良措施等。

（一）物理措施

1. 工程改良措施

工程改良措施主要是将别处的水源通过人为的方式进行浇灌或者进行人工降雨，使土壤中的盐分在水压作用下从表层土壤渗入深层土壤，从而降低表层盐分。具体工作细节就是配置区域性排水设施，通过引用常年流通的活水进行灌溉，降低土壤盐碱性，定时把土壤里面的水排出，通过此方法达到区域脱盐的目的。

在公元前2000多年，工程改良措施就作为一种有效方式被采用，方法是通过制作水沟将盐分排出地表；20世纪80年代以前，一般采取直接灌溉、直接排除的大规模排盐方

① 胡明芳，田长彦，赵振勇，等．新疆盐碱地成因及改良措施研究进展［J］．西北农林科技大学学报（自然科学版），2012，40（10）：111-117.

式；20世纪80年代以后，开始流行在地下修建水管，直接将地下过多盐分排出土壤，对盐碱地进行改良①。暗管排水法可降低地下水位高度②，高效率脱盐，从而降低土壤的含盐量。这种方式较明沟排水占地面积小，有利于大规模改造内陆盐渍土和滨海盐渍土，达到较好的改良效果。目前我国已有多地施行暗管排水并取得了一定的效果，之后的一段时间，人们又将目光聚焦于在暗管排水的基础上叠加一些有机肥，有效结合工程和农艺措施增加土壤有机物质含量来进行综合治理③。

然而，虽然工程改良措施效果明显，但同时也存在一定的弊端。一方面，我国有许多地区缺乏充足的淡水资源，且投资和维护费用昂贵，并不适用于大部分地区；另一方面，此种方式易造成土壤反盐，引起土壤流失重要的矿质元素，引发次生盐渍化。

2. 农业耕作措施

盐渍土中盐分的分布规律是“表层多，底层少”，农业措施的原理是改变土壤盐分分布位置。它主要包括耕作改良如翻耕、深松，将表层土壤的盐分翻至下层，同时把盐分较少的下层土壤翻至表层，减少表层土壤聚集，该方法见效较快。以宁夏地区为例。宁夏地区对大面积盐碱地实施机械深松深翻、秸秆还田和绿肥种植等农艺耕作措施，治理后土壤有机质含量提高8%~15%，土质较为疏松，土壤的pH值有一定程度下降，水稻收成最大提高了22.7%，玉米收成最大提高了9.8%④。盐渍土密度过小，土壤几乎不透气透水，里面的微生物等生物活性降低，当外界温度升高时，土壤不能够同步升温，因而难于调节。通过不断翻地，改善板结状态，明显提高地面温度，能有效地疏松土壤，降低土壤密度，破坏土壤毛细管作用，减少盐分向土壤表层积累。

3. 覆盖改良措施

覆盖改良是指利用农用地膜、作物秸秆等材料及利用铺沙压碱的方式覆盖在作物表面，从而创造出利于作物生长的环境。有研究发现，覆盖作物特别是地三叶草，明显降低了杂草生物多样性，极大增加了铵态氮、硝态氮及两种固氮菌的数量，促进农业可持续发展。余桂红等用醋渣覆盖盐渍土，发现可提高土壤的含水量，降低土壤的含盐量，显著促进海滨滩涂盐渍土麦田小麦幼苗期的生长⑤。综合这几种材料发现，秸秆的深层覆盖与表层覆盖相结合的覆盖方式改良效果最好。秸秆肥与原始秸秆相比可以显著提高生物的碳含

① 景琼．盐碱地的植被恢复与盐碱地改良方法［J］．工程技术，2015（22）：279.

② 张金龙，田晓明，王国强，等．天津滨海新区重盐碱土高效生态绿化研究［J］．中国园林，2020，36（5）：99-103.

③ 阿吉艾克拜尔，邵孝侯，常婷婷，等．我国盐碱地改良技术和方法综述［J］．安徽农业科学，2013，41（16）：7269-7271.

④ 宁夏以农艺措施改良盐碱地78.6万亩［J］．科学种养，2019（2）：64.

⑤ 余桂红，朱孔志，张鹏，等．醋渣覆盖对盐渍土麦田土壤和小麦幼苗生长的影响［J］．江苏农业科学，2019，47（14）：87-90.

量，秸秆基质肥料对设施土壤次生盐渍化危害有较好的控制作用，与一些微生物菌剂联合施用可显著降低土壤 pH 值、电导率等指标，增加土壤孔隙率。

4. 其他改良措施

近年来，由于过量排放含碳类温室气体造成空气污染，学者们开始将目光放到了生物炭上。生物炭可以捕获并吸收这些对环境有害的温室气体，通过一系列反应将这些气体转化为稳定的固体类物质，性质十分稳定，可长期储存，且里面的营养物质可被直接吸收利用。另外，生物炭特殊的多孔结构可以降低水分的渗透性，吸收过滤后的养分，从而在土壤中缓慢释放养分，增加作物的营养成分。同时，孔隙结构也可以增加土壤孔隙度，促进植物根系的生长，利于作物对养分和水分的吸收，提高作物产量并减少化学肥料的使用。韩剑宏等①利用植物秸秆生物炭配施生物酵素，以温室栽培方法验证此种改良剂的有益作用，结果表明改良剂施入土壤后，土壤的 pH 值和电导率均有不同程度的降低，土壤有机质含量有显著提高。Haichao 等②在鸡粪堆肥中应用竹子生物炭控制土壤中的抗生素抗性基因。结果表明，由于生物炭降低了有机肥中生物可利用性重金属的含量，抑制了抗生素抗性基因的协同选择，大部分抗生素抗性基因含量能降低 21.6%～99.5%。最新研究中提到了一种含鸟粪石的生物炭/膨润土复合材料从模拟沼液中同时回收腐殖酸氨氮、磷等产物，制备出成品后将其用于防治土壤中的锌和抗生素抗性基因污染，发现此种复合材料较之前的研究有更显著的效果，抗生素抗性基因的总相对丰度降低了 37.18%，生物有效锌的含量从 847.4 mg/g 降到 739.2 mg/g，此种材料可增加土壤中细菌的多样性，丰富细菌群落，通过 Spearman 相关分析显示放线菌是抗生素抗性基因的潜在宿主。研究表明，此材料可作为一种环境友好改良剂来对污染的肥料土壤进行修复，应用前景广阔③。

此外，校康等④通过生物炭添加，可通过吸附土壤溶液中的 Na^+、提升麦苗钾钠比和钾素利用率来促进其生物量的增加。因为生物炭具有高吸附量，可以引起缓冲效应，延缓盐分向土壤的回流，并中和土壤碱度，减少养分流失，促进 CEC（Cation Exchange Capacity）和养分的增加。另外，有些生物炭也能够释放酸性官能团，从而降低土壤 pH 值。生物炭可提高玉米养分并改善土壤肥力，富含养分的生物炭还可作为钙离子、镁离子的来源，有助于土壤条件的恢复，提高团聚体的稳定性和导水性，改善土壤结构和增加养

① 韩剑宏，刘泽霞，张连科，等．生物炭和环保酵素对盐碱化土壤特性的影响［J］．生态环境学报，2019，28（5）：1029-1036.

② Haichao L，Manli D，Jie G，et al. Effects of bamboo charcoal on antibiotic resistance genes during chicken manure composting［J］．Ecotoxicology and Environmental Safety，2017，140.

③ Yuan L，Xuejiang W，Jing L，et al. Effects of struvite-humic acid loaded biochar/bentonite composite amendment on Zn（I）and antibiotic resistance genes in manure-soil［J］．Chemical Engineering Journal，2019，375.

④ 校康，孙亚乔，马卫国．添加生物炭对降低冬小麦幼苗盐害并促进其生长的效果研究［J］．灌溉排水学报，2019，38（11）：22-27.

分。最新研究表明，适当的生物炭添加量可以改善土壤的物理、化学和生物性质，调节土壤渗透压，减少土壤氧化作用，并且促进芒属植物的生长，在改良盐碱地方面有巨大潜力①。

（二）化学措施

化学措施就是利用酸性物质，将土壤中的碱性盐中和，再通过反应达到中性土壤环境。一般是通过向土壤中施用化学肥料、化学改良剂等物质来改善土壤碱性条件，减轻盐碱化程度。

1. 有机肥料改良措施

通过向盐碱地中施用各种化肥如沼气肥、糠醛渣、农家肥、腐植酸等，改善土壤的物理性质。例如，在种植高粱、玉米等农作物时，可以在其幼苗时期添加有机肥，避免水分向外蒸发，增加腐殖质和有机胶体含量，可以有效吸附盐分离子，从而降低土壤中盐的浓度和活性。有研究表明，施用农家有机肥可增加盐渍土中的营养物质，促进农作物生长。唐晓倩等②发现将木醋液和牛粪混合施用不仅可以改善滨海盐土的化学性质，还可以提高微生物的生物活性，混合施用的效果好于单施。同时，有研究发现，不同改良剂配合不同的施用方法对盐碱土的改良效果有差异性。张宇晨等③通过探究不同灌溉方式添加不同改良剂对河套灌区重度盐渍土的改良效果时发现，将秸秆加到盐渍土底层或者均匀混入土壤中一些石膏和生物肥可以减少盐渍土盐分的积累，从而降低土壤 pH 值和电导率。总的来说，石膏与生物肥的结合效果好于单纯在土壤底层加入秸秆。程万莉等④研究了茶渣生物有机肥的施用对温室盐渍土的影响。结果表明，与单施化肥相比，添加了有机肥后的土壤 pH 值均有所下降，土壤碱化度降低，土壤盐含量减少。Rong 等⑤发现向土壤中添加有机物料部分替代化肥可以增加 *nir* S 基因的多样性，但降低了 *nir* S 基因的绝对丰度，促进反硝化作用和氮循环。适当比例混合施用煤灰和秸秆肥可改善盐渍土状况，减少氯离子的存在，同时也会降低其他有害离子如 SO_4^{2-}、HCO_3^-、CO_3^{2-}等的含量。

2. 化学改良剂改良措施

化学改良剂一般分为钙质改良剂、降碱改良剂、有机改良剂和矿物资源改良剂等多种

---

① Kang H，Guo H，Congpeng W，et al. Biochar amendment ameliorates soil properties and promotes Miscanthus growth in a coastal saline-alkali soil［J］. Applied Soil Ecology，2020，155.

② 唐晓倩．木醋液和牛粪配施对盐碱土化学性质和微生物群落结构的影响［D］．北京：北京林业大学，2019.

③ 张宇晨，红梅，赵巴音那木拉，等．不同措施对河套灌区重度盐渍土改良效果［J］．水土保持学报，2019，(5)：309-351+322.

④ 程万莉，王淑英，赵刚，等．茶渣生物有机肥对温室盐碱土改良的效果［J］．甘肃农业科技，2020（Z1）：49-54.

⑤ Rong H，Yingyan W，Jiang L，et al. Partial substitution of chemical fertilizer by organic materials changed the abundance，diversity，and activity of nirS-type denitrifying bacterial communities in a vegetable soil［J］．Applied Soil Ecology，2020：152.

类型。

通常所听到的脱硫石膏、磷石膏、亚硫酸钙等属于钙质改良剂。石膏可提高土壤的渗透速率、加大脱盐率及孔隙度，同时能够降低土壤的 pH 值、碱化度和容重等指标。研究发现，将无机改良剂石膏和有机改良剂如农家肥、腐植酸等结合使用，可改善土壤理化性质并且促进水稻根长和产量的提高，有机改良剂相对无机改良剂有着更加显著的效果①。

降碱改良剂包括硫黄、硫酸铝和腐植酸等，可置换出土壤中的交换性钠离子，降低土壤电导率。它们改善了土壤特性，如聚集性、通气性、渗透性、持水能力和阳离子交换能力，从而促进根系生长，提高种子发芽率和作物产量。一些研究人员指出，腐植酸对沙棘、小茴香变种和贯叶连翘的氮磷浓度、精油含量和产量产生了积极影响②。另外，腐植酸可以改变盐渍土中胶体物质的可吸附离子成分，增大土壤孔隙度，以防碱性物质返还，同时对土壤 pH 值有一定降低作用，改善土壤微环境。

有机改良剂包括糠醛渣、泥炭及高分子化合物等。施用糠醛渣可以增加土壤有机质和可溶性阳离子含量，促进毒害离子向土壤下层转移，更好地改良盐渍土。

矿物资源改良剂包括沸石、风化褐煤、泥炭等。沸石能够加大土壤孔隙度，提高土壤通透性，促进盐类随水下渗；泥炭同样可以提高土壤孔隙度，减少盐类聚集，降低土壤 pH 值。

需要注意的是，化学改良剂虽有成效，但是高分子化合物成本过高，效果不稳定，推广有限制，更严重的是施用后会产生大量污染，需要用大量水冲洗，因而在很多水资源匮乏的地区难以推广应用。

（三）生物措施

1. 种植水稻等耐盐植物

21 世纪以来，人类科技水平不断进步，改良盐渍土的方式也在不断创新，并且正在从传统的改良方式过渡到新的方式。在此阶段，国内外众多学者研究发现了适合盐渍土生长的耐盐碱作物。植物一般有助于盐污染土壤的复垦。植物根系释放有机化合物和复杂的能源，增加二氧化碳分压（CO_2），降低土壤 pH 值，有助于增加土壤中碳酸钙（$CaCO_3$）的溶解，降低土壤盐分/钠含量。因此，研究人员建议种植水稻以逐步去除土壤盐渍化。

水稻是重要的单子叶谷物作物，属禾本科，是世界上超过 50%人口的主要粮食作物。它的生产力受到各种非生物胁迫的严重影响，如干旱、盐分、寒冷和炎热。近年来，我国粮食产量不断增加，但总体上仍供不应求，而扩大农作物耕地面积及提高现有耕地的单位

① Shaaban M, Abid M, Abou-Shanab R A I. Amelioration of salt affected soils in rice paddy system by application of organic and inorganic amendments [J]. Plant, Soil and Environment, 2013, 64.

② Anahita B D, Mohammad M S, Maryam Z, et al. Changes in soil microbial activity, essential oil quantity, and quality of Thai basil as response to biofertilizers and humic acid [J]. Journal of Cleaner Production, 2020, 256.

生产力是目前提高我国粮食总产量的两种重要途径。水稻种植面积约为地球可耕地面积的十分之一，尽管现代农业已经非常先进，但干旱、半干旱和沿海地区的农民在成功种植水稻时仍然面临着盐渍化的问题。

2018 年 10 月，袁隆平水稻院士工作站引进推广最新培育的“耐盐碱杂交水稻”先进技术，耐盐碱水稻在 pH 值偏高、盐分达到千分之五到千分之六之间的盐渍土中，取得了令人欣喜的产量①。高产、优质和耐盐碱水稻新品种“长白 26”年产量为 10 875.0 kg/hm^2，达到吉林省早熟粳型超级稻产量水平②。研究发现，水稻在盐碱地中的生长情况会受到多种因素影响，如水稻的不同生长时期、器官类型和基因型。具体分析如下：与营养期相比，植物在苗期和生殖期对盐胁迫最为敏感；作为感知盐胁迫的主要靶点，根比其他器官更容易受到盐的影响，因而选育和培育耐盐水稻品种已成为提高粮食产量、改善盐碱地的重要途径之一。

盐胁迫可引起植物的渗透胁迫和离子胁迫。植物在暴露于盐分环境后很快就会感受到渗透胁迫，导致植物体内水分和溶质的亏缺。离子胁迫开始于 Na^+ 和 Cl^- 在植物细胞中的积累，细胞质中过量的 Na^+ 干扰了 K^+ 的功能。K^+ 对代谢途径中酶的催化活性很重要，细胞内 Na^+、Cl^- 和 K^+ 等离子水平的失衡会对光合作用产生负面影响，过量积累的有毒离子 Na^+ 阻碍了光合成分的形成，包括色素和酶。细胞内 Na^+ 和 K^+ 的不规则同化可能导致气孔振荡的干扰，随后蒸腾速率下降，膜脱水，二氧化碳渗透性降低。所有这些都导致光合作用功能受阻。此外，Cl^- 的毒性水平通过降低氮的吸收来阻碍光合速率，说明维持低的细胞内 Na^+/K^+ 比值十分重要。具有抗盐碱性状的微生物首先进入土壤中发挥作用，促进土壤指标的提升，降低土壤的 pH 值和电导率等，提高植物抗逆性。胡燕燕等③探究钙类物质的加入是否会提高水稻的抗胁迫能力同时增加水稻产量，结果表明，喷施钙液能够促进水稻分蘖，但从整个生育周期来看，与常规施肥相比没有差异。喷施钙液能够有效降低作物空瘪率，减少褐变穗和稻颈瘟发病率，有效降低水稻的病害发生率。水稻的地上部分及麦穗长度较对照有一定增加，水稻颗粒饱满，有分量，收成也较为可观。与常规施肥相比增加产量 234 kg/hm^2，增产率为 2.95%。王立等④选用两种丛枝菌根真菌：向被重金属铬污染的土壤中加入不同浓度梯度的两种菌根真菌制剂，探究丛枝菌根真菌在改善水稻生长高度、叶绿素含量、抵抗胁迫能力及水稻中铬元素分布范围中的作用。实验结果显示，丛枝菌根

① 余露．袁隆平院士工作站取得重大技术突破耐盐碱水稻亩产 508.8 公斤［J］．农药市场信息，2019（20）：13.

② 金国光，杨春刚，金京花，等．高产、优质、耐盐碱水稻新品种长白 26 选育报告［J］．科技致富向导，2014（36）：42-43.

③ 胡燕燕，董振瑛，纪春茹．钙对水稻抗逆性和产量的影响［J］．现代化农业，2017（11）：27-28.

④ 王立，安广楠，马放，等．AMF 对镉污染条件下水稻抗逆性及根际固定性的影响［J］．农业环境科学学报，2014，33（10）：1882-1889.

真菌的施用有效降低了有毒元素铬对水稻植株生长发育的胁迫作用。接种菌剂后水稻的叶绿素含量较对照增加，效果最好的两个处理中的水稻茎长较对照分别增加了 13.8%和 10.3%。总体来看，菌剂对改善土壤铬污染胁迫有着显著推进作用。施用菌根真菌制剂后丙二醛含量较对照降低，说明菌剂减少了铬的毒害作用，抗氧化酶和渗透胁迫物质与对照有显著差异性，较对照分别有不同程度的提高。这些指标充分说明丛枝菌根制剂的加入减轻了铬元素的胁迫作用，同时将铬元素转移到水稻的根部位置，防止其向地上水稻植株移动，影响水稻正常生长。

2. 微生物改良措施

到目前，科学家已经发现了多种不同功能的微生物。其中，发现植物促生根菌的应用是解决盐基渗透胁迫的生态友好方法。许多根际菌可栖息于植物根际，通过形成生物膜、趋化机制、增溶磷、氮固定、产生胞外多糖和生长激素，如吲哚-3-乙酸和 1-氨基环丙烷-1-羧酸脱氨酶来直接或间接地促进微环境改善。耐盐碱微生物主要有解磷菌、解钾菌、固氮菌、菌根菌及光合菌等。这些微生物中可溶解的细菌和放线菌，可以与丛枝菌根真菌协同工作，将磷酸盐溶解并转运到植物中，增加可吸收磷的土壤体积来帮助作物增加磷营养。磷酸盐溶解微生物可以溶解无机磷和有机磷并维持土壤养分水平。无机磷酸盐矿化的主要机制是产生低分子量有机酸，这些酸可以酸化磷酸共轭碱，降低土壤 pH 值，增加磷酸盐的溶解度，同时也螯合金属。另外，磷酸盐溶解微生物还可以产生无机酸，如硫酸、硝酸、碳酸及螯合物质等。同时，磷酸盐溶解微生物还可在含有卵磷脂的介质中增溶磷，通过作用于卵磷脂并产生胆碱的酶来引起酸的增加。有研究在含 $Ca_3(PO_4)_2$ 或蛋黄的盐培养基上培养了具有促进植株生长特性的耐盐增磷微生物，结果表明，所有分离物均能分泌 2.7~31.8 mg/L 的吲哚-3-乙酸，胞外多糖的分泌量为 74.3~225.7 mg/L。部分菌株可产生铁载体。其中，增溶量大于 200 mg/L 且对 NaCl 耐受性较高（1.5 mol/L）的 10 个分离株被列为候选磷酸盐溶解微生物。在培养滤液中检测了 8 种不同含量的有机酸，并提出了以丙酸和草酸为主要增溶机制。这 10 个分离株有潜力作为盐环境下保护植物的生物接种剂。

氮是作物生长的重要优势养分，在土壤中经历了氨挥发、硝化、反硝化和固定化等一系列转化过程。在各种转化过程中，部分氮通过径流、淋溶、NH_3 挥发和 N_2O 的排放进入大气和水体，导致农田有效氮的减少。在中国进行的许多调查均表明，氮肥的回收率仅为 18%~30%。残余的氮肥会毒害农作物，影响作物生长，还有一部分氮元素会随着水流排到大自然中，引起水源污染及空气污染。NH_3 挥发是耕地氮素流失的主要途径之一。施用氮肥造成的 NH_3 挥发损失比例在 1%~50%。固氮菌作为一类自由生活的氮固定细菌，能固定大气中的氮，释放吲哚-3-乙酸等植物激素，以及土壤中的维生素 B、烟酸、泛酸及生物素等生物物质，帮助根系生长。一些研究表明，土壤微生物的应用增加了土壤中氮和磷的含量，并增强了药用植物的次生代谢物，如万寿菊、甜罗勒和孜然①。线菌属的耐盐阎氏菌和短杆菌能在添加 6% NaCl 的半固态无氮培养基中生长，并能显著促进其体外生长，是一种良好的固氮内生菌。从枝菌根真菌（Arbuscular Mycorrhizal Fungi，AMF）是调节寄主植物磷含量、促进生长和增加产量的共生微生物之一。AMF 与寄主植物的根器官定植，并调节其光合能力、生长特性和非生物胁迫耐受性。目前已经报道了 AMF 共生与寄主植物的盐防御机制之间的积极关系，如离子稳态（流入/流出）、室化（液泡储存）和 Na^+通过质外体或共质体途径从根到地上部的转运都受到 AMF 的调节，接种 AMF 的植物在盐胁迫下产生更高的游离脯氨酸、甘氨酸甜菜碱和可溶性糖，一些抗氧化酶在盐胁迫下作为盐防御反应上调。

这些不同功能的微生物可提高植物耐盐碱性，改变微生物的群落结构，增加微生物种群多样性。在一篇研究中发现，耐盐/嗜盐微生物中含有的碳酸酐酶具有改善土壤性质，维持土壤酸碱平衡等功能，在原核生物中有着巨大作用②。同时发现碳酸酐酶有强大的固碳作用，平衡土壤有机质的积累和释放，但在一些农药和杀虫剂的作用下会抑制碳酸酐酶的酶活性。另外，植物叶片表面的真菌可提高碳酸酐酶活性，有助于提高叶绿体活性和植物产量。土壤微生物有利于保持水土以及维持生态平衡，同时能够提高土壤微环境的理化性质，加强土壤固持空气和水分的能力、降低土壤的盐度和 pH 值，增加土壤有机质、速效磷、速效钾和碱解氮等物质的含量，改良土壤性能，提高农作物产量，改善农产品品质以及提高化肥效力。Nadia 等③从摩洛哥不同的高盐环境中分离出 10 株产外聚合物的嗜盐菌株，大多数菌株表现出高水平的外聚物生成、乳化和抗氧化活性。如根瘤菌由于具有独特的固氮性能，不仅可以代替部分化学肥料的使用，而且可以提高作物产量并响应环保的号召。大田条件下根际促生菌与 75%的 N、P、K 配合使用，可以在不降低洋葱鳞茎产量的情况下节省 25%的矿质肥料，并减少农业造成的环境污染，且三重接种处理 T6（固氮菌+鞘氨醇杆菌+伯克霍尔德菌）效果优于双接种处理 T1（固氮菌+芽孢杆菌）④。在构成植物微生物群的各种细菌中，内生菌（植物组织中的微生物）比非生物和生物胁迫表现出更高的适应能力，从而提高了植物的生长和生产力，并且植物和细菌之间的一些相互作用对植物有益。

---

① Anahita B D, Mohammad M S, Maryam Z, et al. Changes in soil microbial activity, essential oil quantity, and quality of Thai basil as response to biofertilizers and humic acid [J]. Journal of Cleaner Production, 2020, 256.

② Furkan O, Huilya A. Determination of carbonic anhydrase enzyme activity in halophilic/halotolerant bacteria [J]. Applied Soil Ecology, 2020, 155.

③ Nadia B, Montserrat P, Saoulajan C, et al. Isolation and characterization of halophilic bacteria producing exopolymers with emulsifying and antioxidant activities [J]. Biocatalysis and Agricultural Biotechnology, 2018, 16.

④ Diksha T, Naveen G, Sandeep S, et al. Utilization of plant growth promoting rhizobacteria as root dipping of seedlings for improving bulb yield and curtailing mineral fertilizer use in onion under field conditions [J]. Scientia Horticulturae, 2020, 270 (prepublish).

此外，各种农用残留物如养殖粪便、秸秆等均可通过合理分配作为微生物菌肥的载体，既可以废物利用，增加肥料营养成分，又可以减少化肥使用量，降低环境污染。植物根际促生菌（Plant Growth Promoting Rhizobacteria，PGPR）可以减少化肥投入、降低生产成本、提高土壤肥力，在工业上还可以利用溶磷细菌（Phosphate-Solubilizing Bacteria，PSB）对磷酸盐的分解作用减少污染，如制备含 PSB 和磷酸三钙的胶囊，通过分批实验去分析不同因素对铅离子去除效率的影响。结果显示，不溶性磷酸盐变成可溶磷，与铅离子反应生成稳定的铅磷化合物，提高了去除效率，可持续利用，节约成本，减少了环境污染①。桂莎等②研究复合生防真菌制剂对香蕉枯萎病的防治效果，复合菌剂处理对香蕉枯萎病有较好的防治效果，其防效分别为 43%和 48%。

与物理、化学措施相比，生物措施作用时间较慢，但这一方法可以从根本上进行解决且工程量小，不会造成二次污染，是未来我国乃至全世界盐碱地改良方式的大势所趋，具有良好的应用前景。

四、各种改良方法存在的不足

各种改良方法都存在自身不可避免的不足。

（一）物理措施存在的不足

常见的改良盐渍化土壤的物理措施有工程改良措施、农业耕作措施、覆盖改良措施等。谷孝鸿等③在山东禹城应用基塘系统工程措施，使浅层地下水地表化，解决了盐渍化问题，同时在洼地池塘养鱼改碱治水，改变了洼地原有的自然状况。刘虎俊等④在河西走廊将深耕、客土等农艺措施与淡水洗盐相结合，应用地表覆盖、免耕和沟植技术形成了盐渍化土地的工程治理系统，取得了一定的效果。这些手段虽然能够有效地使土壤盐分降低，但同时其副作用也很明显。物理方法主要是针对土层的修改，有平整土地、灌水洗盐、深耕晒垡、疏松表土、铺设隔盐层、微区改土、大穴整地、地上花盆式客土抬高地面以及增强透水性，阻止水盐上升等方法。主要适合于规模较小但景观位置较为重要的绿化区域，如花坛、树池、花台、花镜等处。同时，物理改良技术的更新换代较慢且改良措施的成果见效慢，使得盐碱地在短时间内没有办法得到实际改善，而其未来发展空间未知，

① Keyao Z，Zedong T，Wen S，et al. Effective passivation of lead by phosphate solubilizing bacteria capsules containing tricalcium phosphate［J］. Journal of Hazardous Materials，2020，397（prepublish）.

② 桂莎，刘芳，张立丹，等. 复合菌剂防控香蕉枯萎病的效果及其微生物学机制［J］. 土壤学报，2020，57（4）：995-1007.

③ 谷孝鸿，胡文英，李宽意. 基塘系统改良低洼盐碱地环境效应研究［J］. 环境科学学报，2000（5）：569-573.

④ 刘虎俊，王继和，胡明贵，等. 河西走廊干旱区盐渍土扰动对土壤性质的影响［J］. 中国生态农业学报，2003（2）：76-78.

很难做到大面积推广。

（二）化学措施存在的不足

早期，俄罗斯化学家就向盐碱地土壤中施加大量石膏、硫酸亚铁和硫酸等，可起到降低土壤盐渍化程度、协调和改善土壤理化性质的作用。石膏对碱性土壤具有很好的改良效果。碱土中碳酸钠为石膏置换，形成石灰和中性盐，消除了土壤碱性。施有机肥可以改良土壤盐碱化。有机肥能补充土壤营养物质，改善土壤理化性质，加强淋盐作用，减少蒸发，从而抑制返盐，还可对土壤中的盐分起缓和作用，减弱盐分对植物的危害。现在有大量的研究表明，使用化学改良剂会造成环境的污染。化学措施适用于小面积的土壤改良，而且随着化学改良剂的大量使用，容易造成土壤板结，土壤性质进一步恶化。化学改良中，通过中和只能降低土壤碱性，但无法缓解因水分蒸腾而引起的反盐现象。施用化学改良剂可以在较短期内改变土壤团粒结构，改善土壤理化性状，并可以为植物、微生物的生长提供某些营养元素；然而，现有的大部分改良剂都来自工业废弃物，其中含有一定量的重金属和有害化学物质，它们是否会对粮食安全造成隐患，仍不清楚。化学改良措施虽然见效快，效果明显，但是成本昂贵，且使用不当易对环境造成二次污染。从可持续发展的角度看，土壤改良剂在应用范围和适用条件方面也存在一定的局限性。

（三）生物措施存在的不足

盐生植物种植是一个发展方向，但盐生植物的培育难度较大且周期长，而能够应用于盐碱土的微生物菌剂研究也较少，其原因一个是盐碱土环境的特殊性，造成某些产酸菌很难在其中生长；另一个是盐碱土属于极端环境，目前的分离方法还没有能够分离出足够多的有效菌株。另外，研究出来的少数的菌剂由于盐碱土本身存在的差异，只能在极小的范围内应用。总体上来看，人类在控制土壤次生盐渍化和改良利用原生盐碱土方面还没有取得根本性进展。

第二节　有机物料和微生物菌肥对初生盐渍化土壤改良研究

黄河三角洲有海涂与滨海盐土800多万亩。长江口以北的苏、鲁、冀、辽几省的滨海盐土面积为1 500多万亩，且河口还在不断地向浅海推进。长江口以南的诸省滨海盐土虽分布零星，但呈逐年递增的趋势①。而黄河河口也在以年增6.95万亩的速度推进。

本节旨在通过模拟盆栽实验，针对东营滨海土壤进行改良，在土壤中施入不同的微生物菌肥，即有机肥+JFB菌剂、有机肥+EM菌剂、菇料肥+JFB菌剂和菇料肥+EM菌剂，

---

① 章家恩，刘文高，胡刚．不同土地利用方式下土壤微生物数量与土壤肥力的关系［J］．土壤与环境，2002，11（2）：140-143.

以研究微生物菌剂对滨海地带次生盐渍化土壤的改良效果，使其达到改良初生盐渍化土壤的治理目的。

一、实验材料与方法

（一）供试肥料

关于肥料来源，有机肥是交大浦江基地将秸秆和猪粪经过发酵产生的肥料；菇料肥是种植蘑菇采收后的栽培料；JFB 菌剂为本实验室研制的菌剂，有效菌数 270 亿/g；EM 菌剂为市售，由济宁立信生物工程有限公司生产，有效菌数≥80 亿/g。

JFB 菌剂是一种高效秸秆降解复合菌剂，该菌剂与芦笋、水稻等作物秸秆充分混合进行堆肥发酵，并通过多菌种之间的协同作用快速降解秸秆，从而提高降解效率，缩短降解时间，可有效杀灭病虫，并迅速转化成为改良土壤的有机肥。

（二）主要仪器与试剂

1. 主要仪器

实验主要仪器如表 6-1 所示。

表 6-1 主要仪器

仪器	型号	生产厂家
漩涡振荡混合器	8L-861	海门市其林贝尔仪器制造有限公司
电导率仪	DDSJ-308A	上海精密科学仪器有限公司
纯水仪	Mili-Q	美国 MILLIPORE 公司
pH 计	DELTA320	梅特勒—托利多仪器上海有限公司
氮磷流式分析仪	Auto Analyzer 3	德国 BRAN-LUBBE 公司
恒温恒湿培养箱	MIR-153	SANYO Electric Co. Ltd，Japan
恒温培养振荡器	ZHWY-2012C	上海智城分析仪器制造有限公司
高速冷冻离心机	CT14RD	上海天美生化仪器设备工程有限公司
电子天平	BS124S、BT25S、ALC	德国赛多利斯
多功能酶标仪	Infinite M200 PRO	帝肯（上海）贸易有限公司
电热恒温鼓风干燥箱	DHG-9240A	上海精宏实验设备有限公司
电热恒温水浴锅	DK-8D	上海一恒科技有限公司
数控超声波清洗器	KQ5200DE	昆山市超声仪器有限公司

2. 主要试剂

实验主要试剂如表 6-2 所示。

表 6-2 主要试剂

试剂	纯度	生产厂家
硫酸联氨	分析纯	国药集团化学试剂有限公司
N-（1-萘基）乙二胺二盐酸	分析纯	国药集团化学试剂有限公司
KNO_3	分析纯	国药集团化学试剂有限公司
KCl	分析纯	国药集团化学试剂有限公司
NaOH	分析纯	国药集团化学试剂有限公司
HCl	分析纯	国药集团化学试剂有限公司
冰醋酸	分析纯	国药集团化学试剂有限公司
氨水	分析纯	国药集团化学试剂有限公司
H_3PO_4	分析纯	国药集团化学试剂有限公司
甲苯	分析纯	国药集团化学试剂有限公司

（三）供试区域概况

供试土壤取自山东省东营市，东营隶属黄河三角洲地带，地处 118°07′～119°10′E、36°55′～38°10′N 之间，位于山东省北部，黄河入海口三角洲地带，长期以来盐渍化土壤制约着当地作物的正常生长并影响农产品的产量。该土壤为 Cl^--Na^+ 型初生盐渍土，主要离子为 Cl^- 和 Na^+。土壤基本的理化性质：pH 值为 7.85，有机质含量 2.21 g/kg，全盐量为 5.84 g/kg，供试区域土壤的主要盐分离子含量具体如表 6-3 所示。

表 6-3 供试土壤的主要理化性质和盐分离子含量

HCO_3^-/（g/kg）	/（g/kg）	Cl^-/（g/kg）	K^+/（g/kg）	Ca^{2+}/（g/kg）	Mg^{2+}/（g/kg）	Na^+/（g/kg）
0.34	0.58	3.12	0.05	0.37	0.48	0.66

（四）试验设计

采取 60 cm×40 cm×50 cm 的长方体塑料容器进行模拟实验。取供试土壤 200 kg，均匀置于容器中，共设 7 个处理，如表 6-4 所示，每个处理做 3 次重复。将各处理的有机物料或微生物菌肥与土壤充分混合。该容器放置于浦江绿谷基地温室，且实验过程保证各处理光照、温度等条件一致。

表 6-4 容器栽培试验设计

处理	肥料类型	肥料用量/kg			
		0	1	2	3
CK	对照	0	0	0	0
W	有机肥	0	5	15	30
W+F	有机肥+JFB 菌剂	0	5	15	30
W+E	有机肥+EM 菌剂	0	5	15	30
Z	菇料肥	0	5	15	30
Z+F	菇料肥+JFB 菌剂	0	5	15	30
Z+E	菇料肥+EM 菌剂	0	5	15	30

（五）土样的采集和测定方法

1. 土样采集

采样布点采用了棋盘式采样法。实验处理后 10 d 开始采样，每隔 20 d 取样一次，共采集 4 次。同一盆栽土样由多点取样混合而成。所有土样分成两批，一批自然风干，另一批在-20℃冰箱中保存。取风干土壤，利用“四分法”取舍土样，研磨，过 1 mm 筛后保存待用。

2. 土壤理化性质的测定

参照《土壤农业化学分析方法》① 中的方法进行测定。

取 20 g 过筛后的风干土，加入 100 mL 去离子水，土水比 1∶5 混合，在 25℃、180 r/min 的恒温摇床上振荡 15 min 后，过滤至具筛锥形瓶中，上清液置于 4℃冰箱中待测。取 10 mL 上清液，用来测定 SO_4^{2-}、Cl^- 和 HCO_3^-/CO_3^{2-} 的浓度；取 5 mL 上清液，稀释 5 倍，用来测定 Na^+、K^+、Ca^{2+} 和 Mg^{2+} 的浓度。

土壤电导率（EC）：电导率仪测定，水土比为 5∶1。

土壤 pH 值：用 pH 计测定，水土比为 5∶1，玻璃电极法测定。

土壤全盐量：残渣质量干烘法。

土壤有机质：$K_2Cr_2O_7$ 外加热法。

土壤含水率：105℃烘箱内将土样烘 6~8 h 至恒重，测定烘干重量。

$$土壤含水量=\frac{烘干前铝盒及土样重量-烘干后铝盒及土样重量}{烘干后铝盒及土样重量-烘干空铝盒重量}\times 100\%$$

土壤水溶性 SO_4^{2-}：EDTA 间接配位滴定法测定。

土壤水溶性 CO_3^{2-}，HCO_3^-：双指示剂中和滴定法测定。

① 鲁如坤．土壤农业化学分析方法［M］．北京：中国农业科技出版社，2000.

土壤水溶性 Cl^-：沉淀滴定法测定。

土壤水溶性 Na^+、K^+、Ca^{2+}和 Mg^{2+}：电感耦合等离子体—原子发射光谱法（ICP-AES）测定。

土壤中 NO_3^-：称取 4 g 新鲜土壤于 50 mL 三角瓶中，用 2 mol/L 的 KCl 溶液浸提新鲜土样，水土比 5∶1，在 25℃、180 r/min 的摇床上振荡 1 h 后静置，过滤，用连续流动分析仪（AA3）测定。

3. 土壤酶活性的测定

（1）脲酶活性测定。土壤脲酶活性测定：称取 5 g 新鲜土样置于 100 mL 三角瓶中，加 1 mL 甲苯，静置 15 min 后加 5 mL 尿素溶液（10% w/v）和 10 mL pH 值为 6.7 的柠檬酸盐缓冲液，37℃培养 24 h；培养完成后过滤，吸取 1 mL 的滤液置于 50 mL 容量瓶中，用去离子水补足至 10 mL，随后加 4 mL 苯酚钠溶液，并立即加 3 mL 的 $NaCO_3$溶液，充分混匀。静置 20 min 后定容至 50 mL。测定波长 578 nm 处吸光度值（靛酚的蓝色在 1 h 内保持稳定）。采用无土检测作为对照。一个酶活单位定义为每克土壤样品每小时生成 1 μg NH_3-N 的酶量。

（2）磷酸酶活性测定。土壤磷酸酶活性测定：称取 1 g 新鲜土样置于 10 mL 离心管中，加入 0.2 mL 甲苯和 4 mL pH 值为 6.5 磷酸缓冲液和 1 mL 对硝基苯磷酸二钠溶液（0.05 mol/L），摇匀；37℃培养 1 h；培养完成后取出，加入 $CaCl_2$ 1 mL（0.5 mol/L）及 NaOH 4 mL（0.5 mol/L），摇匀。而后在 2 500 r/min 下离心 5 min；取上层清液于 10 mL 离心管4 000 r/min 下再离心 5 min，得到上清液于分光光度计 410 nm 处读取吸收光值。采用无土检测作为对照。一个酶活单位定义为每克土壤样品每小时生成 1 mg 对硝基酚的酶量。

（六）数据处理与分析

采用 Origin 8.0 以及 SPSS19.0 进行数据处理及统计分析，数据的显著性检验采用单因素方差分析法。所有图表中的数据均以“平均值±标准差”或“平均值”的形式标示。

二、实验结果与讨论

（一）不同处理对土壤理化性质的影响

对室内培养 70 d 后肥料施用量为 15 kg 的初生盐渍化土壤的 pH 值、EC、有机质和全盐量进行测定，测定结果如表 6-5 所示。

表 6-5　不同处理对土壤理化性质的影响

处理	pH	EC/（ms/cm）	有机质/（g/kg）	全盐/（g/kg）
CK	8.49±0.08ac	3.90±0.16c	4.56±0.29d	19.37±0.64c
W	7.84±0.13b	4.26±0.38b	4.48±0.22d	21.44±1.01b
W+F	7.71±0.32bc	3.58±0.24d	6.23±0.16c	17.59±0.95d
W+E	7.85±0.20bc	2.75±0.28e	7.40±0.14b	13.92±1.31e
Z	8.04±0.05b	6.45±0.32a	8.97±0.47a	31.98±1.45a
Z+F	7.42±0.10b	4.53±0.26b	9.04±0.31a	22.71±1.26b
Z+E	7.81±0.07b	3.84±0.21c	7.52±0.62b	19.24±0.07c

注：相同指标后不同字母表示显著差异（$p<0.05$）。

由表 6-5 可知，各处理的 pH 值与 CK 相比均有所下降，其中，处理 W、Z、Z+F、Z+E 为显著下降，下降幅度分别为 7.7%、5.3%、12.6%和 8%，其中，Z+F 处理效果最佳。与 CK 相比，各处理中的 EC 呈现出不同效果；其中，处理 W+F 和 W+E 显著下降，下降幅度分别为 8.2%和 29.5%。各处理的有机质含量与 CK 相比呈现出不同的效果，除处理 W 外，其他处理与 CK 组相比均显有显著提高；其中，处理 Z+F 的改良效果最好，较 CK 增幅为 98.2%。另外，各处理对全盐量的改良效果与 EC 相似，处理 W+F 和 W+E 与 CK 相比显著降低，增幅分别为 9.2%和 30.0%。由上述分析可知，添加微生物菌剂与肥料配施对土壤 pH 值、EC、有机质和含盐量的改良效果好于肥料单施，与王龙昌等①研究一致。且当施用有机肥+JFB 菌剂时，改良盐渍土中的 pH 值和有机质的效果较好；施用菇料肥+EM 菌剂时，改良盐渍土中的 EC 和全盐效果较好，菇料肥+JFB 菌剂次之。

（二）不同处理对土壤酶活性的影响

图 6-1 显示室内培养 70 d 后施用 15 kg 肥料的不同处理条件对土壤磷酸酶和脲酶活性变化的影响。

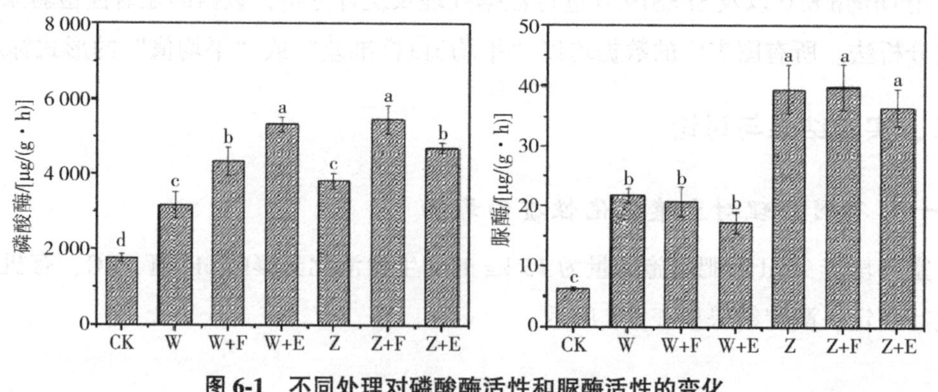

图 6-1　不同处理对磷酸酶活性和脲酶活性的变化

---

① 王龙昌，玉井理．水分和盐分对土壤微生物活性的影响［J］．北方水稻，1998（3）：40-42.

由图 6-1 可知，与 CK 相比，各处理的磷酸酶活性均显著提高，上升幅度分别为 79.3%、146.2%、202.5%、116.2%、210.4%和 167.1%，添加菌剂的处理使其磷酸酶活性对于单施用肥料的处理有了大幅的提高。由于有机肥本身磷酸酶活性就较高，因此与 CK 相比，施用有机肥可大幅地提高盐渍化土壤中的磷酸酶活性。在本研究中施用 Z+F 15 kg 时，对盐渍化土壤的磷酸酶活性提高效果最优。各处理的脲酶活性与 CK 相比均显著提高，且施用了菇料肥的三组处理与施用了有机肥的三组处理相比，均显著上升，其中处理 Z+F 效果最好，与 CK 相比上升幅度为 541.5%。Marschner 等①研究指出，土壤中有机质含量的增加，同时提高了脲酶活性，而在研究中施用菇料肥+JFB 菌剂时，对盐渍化土壤的磷酸酶活性和脲酶活性提高效果最优。

（三）不同处理对土壤盐分离子的影响

1. 不同处理对土壤盐分阳离子的影响

图 6-2 显示室内培养 70 d 后施用 15 kg 肥料的不同处理条件对土壤阳离子 Ca^{2+}、Mg^{2+}、Na^{+}和 K^{+}浓度变化的影响。

从图 6-2 可以看出，滨海地带初生盐渍化土壤中阳离子的组成规律为 $Na^{+}>Ca^{2+}>Mg^{2+}>K^{+}$；其中，$Na^{+}$含量在组成全盐的阳离子中占绝对优势②，是滨海地带盐渍土的主导阳离子。与 CK 相比，各处理中的 Na^{+}浓度呈现出不同的改良效果，处理 W、Z、Z+F 和 Z+E 较 CK 降幅分别为 36.2%、0.3%、4.3%和 3.1%；处理 W+E、Z、Z+F 中的 Ca^{2+}浓度与 CK 相比分别增长了 37.9%、24.2%和 30.3%，且均为显著上升；除处理 W 外，各处理中的 Mg^{2+}浓度与 CK 相比，均呈下降趋势且分别降低了 25%、32.7%、9.6%、7.7%和 0.1%；施有菇料肥的三组处理 Z、Z+F 和 Z+E 中的 K^{+}浓度与 CK 相比均有显著上升，且增幅分别为 138.5%、196.5%和 144.4%。Ca^{2+}浓度的上升有助于加强对土壤交换性 Na^{+}的替换作用，从而使土壤中 Na^{+}浓度下降，K^{+}浓度得到提高，有利于植物生长发育，Na^{+}/Mg^{2+}的下降则有利于改善土壤理化性质，提高土壤的团聚性③，但土壤中 Mg^{2+}浓度过高也会产生恶化现象。综合考虑，研究中施用添加微生物菌剂的处理可有效地改良盐渍化土壤中的阳离子含量，将有利于植物对 Ca^{2+}、Mg^{2+}和 K^{+}的吸收。

---

① Marschner P，K andeler E，Marschner B. Structure and function of the soil microbial community in a long-term fertilizer experiment［J］. Soil Biology &Biochemistry，2003，35（3）：453-461.

② Walker D J，Bernal M P. The effects of olive mill waste compost and poultry manure on the availability and plant uptake of nutrients in a highly saline soil［J］. Bioresource Technology，2008，99（2）：396-403.

③ 郜翻身，崔志祥，樊润威，等．有机物料对盐碱化土壤的改良作用［J］．土壤通报，1997（1）：9-11.

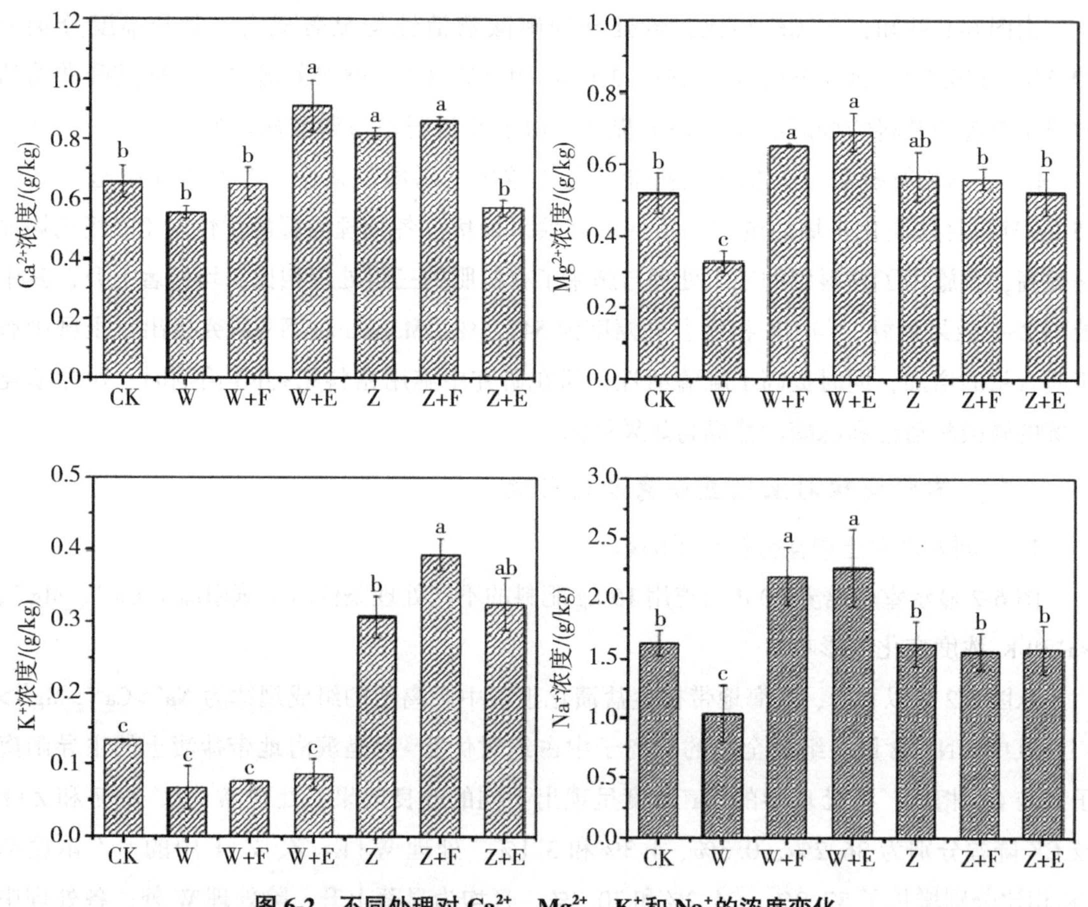

图 6-2　不同处理对 Ca^{2+}、Mg^{2+}、K^{+}和 Na^{+}的浓度变化

2. 不同处理对土壤盐分阴离子的影响

图 6-3 显示室内培养 70 d 后施用 15 kg 肥料的不同处理的土样中 Cl^{-}、SO_4^{2-} 和 HCO_3^{-} 的浓度变化的影响。

从图 6-3 可以看出，滨海地带初生盐渍化土壤中阴离子的组成规律为 $Cl^{-}>SO_4^{2-}>HCO_3^{-}$。对于主导阴离子 Cl^{-}来说，各处理与 CK 相比均有改良效果，呈显著下降，降幅分别为 58. 8%、15. 8%、20. 8%、43. 3%、38. 3%和 40. 8%；各处理中的 SO_4^{2-} 浓度与 CK 相比均有上升，且除处理 W 外均显著提高；各处理中的 HCO_3^{-} 浓度呈现不同的效果，与 CK 相比，除处理 W 为显著上升外，其余处理均呈下降趋势。由于当土壤的盐渍化现象越明显时，其（$Cl^{-}+SO_4^{2-}$）/HCO_3^{-} 的比值也会上升，$Cl^{-}+SO_4^{2-}$ 的下降和 HCO_3^{-} 的上升有利于盐渍化土壤的改良，而部分加了菌剂的处理没有达到理想的改良效果，推测原因：一是样品采集产生的误差；二是土壤返盐现象。

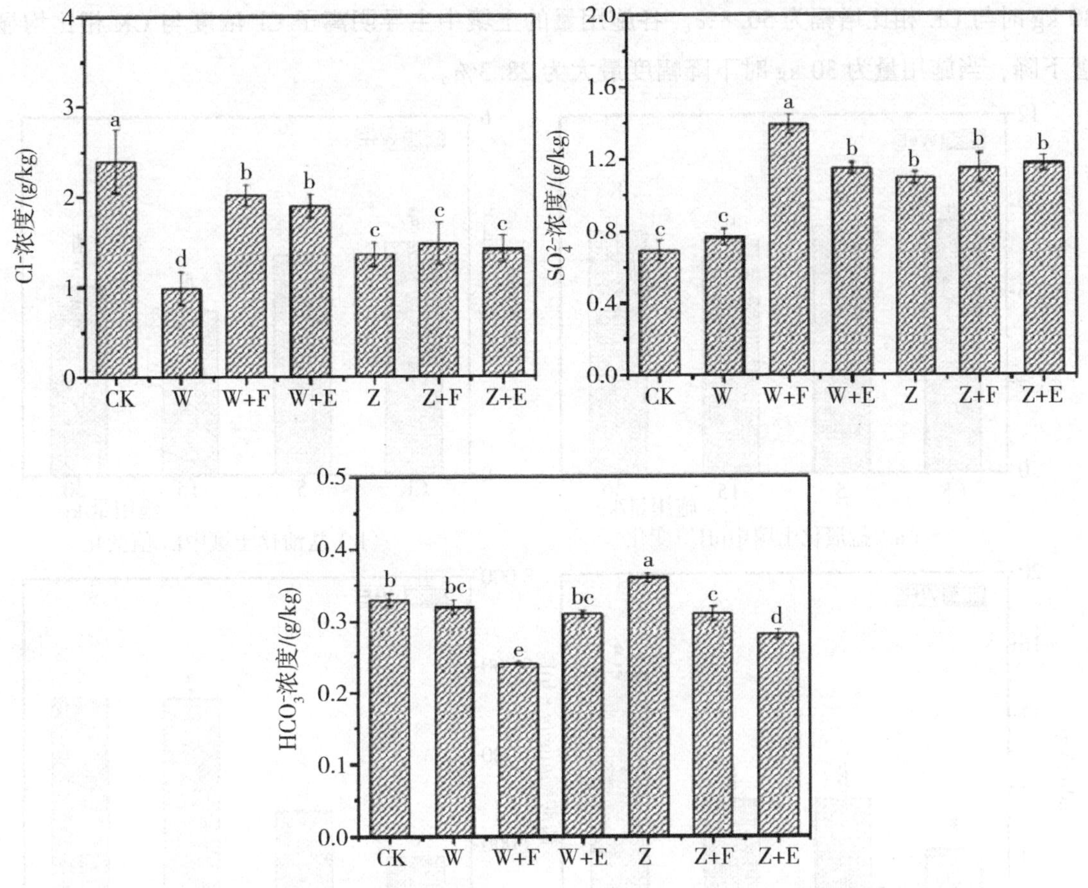

图 6-3 不同处理对土壤中 Cl^-、SO_4^{2-} 和 HCO_3^- 的浓度变化

（四）不同施用量的微生物菌肥对滨海初生盐渍化土壤改良的影响

综合考量以上实验，分析得出有机肥+EM 菌剂和菇料肥+JFB 菌剂对滨海初生盐渍化土壤的 pH 值、EC 值、有机质、酶活和部分盐分离子有着良好的改良效果，为了进一步了解微生物菌肥对改良盐渍化土壤的最佳施用量，重点分析了这两种菌肥在不同施用量下对土壤的改良效果。

图 6-4 为施用不同量有机肥+EM 菌剂对滨海初生盐渍化土壤改良的影响。当施用菌肥量为 15 kg 时，土壤中的 pH 值和 EC 值与 CK 和其他施用量相比均为显著下降。在菌肥施用量为 30 kg 时，土壤中的有机质含量与 CK 和其他施用量相比均为显著提高，较 CK 增长 218.9%，由于土壤磷酸酶活性与有机质呈正相关性①，在施用量为 30 kg 时，同样对土壤中的磷酸酶活性改良效果最好，与 CK 相比，上升了 204.0%。各施用量的土壤中 Ca^{2+} 浓度与 CK 相比均显著提高，且浓度大小依次为 30 kg>15 kg>5 kg>CK，其中当施用量为

① Garg S, Bahl G S. Phosphorus availability to maize as influenced by organic manures and fertilizer P associated phosphatase activity in soils [J]. Bioresource Technology, 2008, 99 (13): 5773-5777.

30 kg 时与 CK 相比增幅为 50. 8%。各施用量的土壤中主导阴离子 Cl^- 浓度与 CK 相比均显著下降，当施用量为 30 kg 时下降幅度最大为 28. 3%。

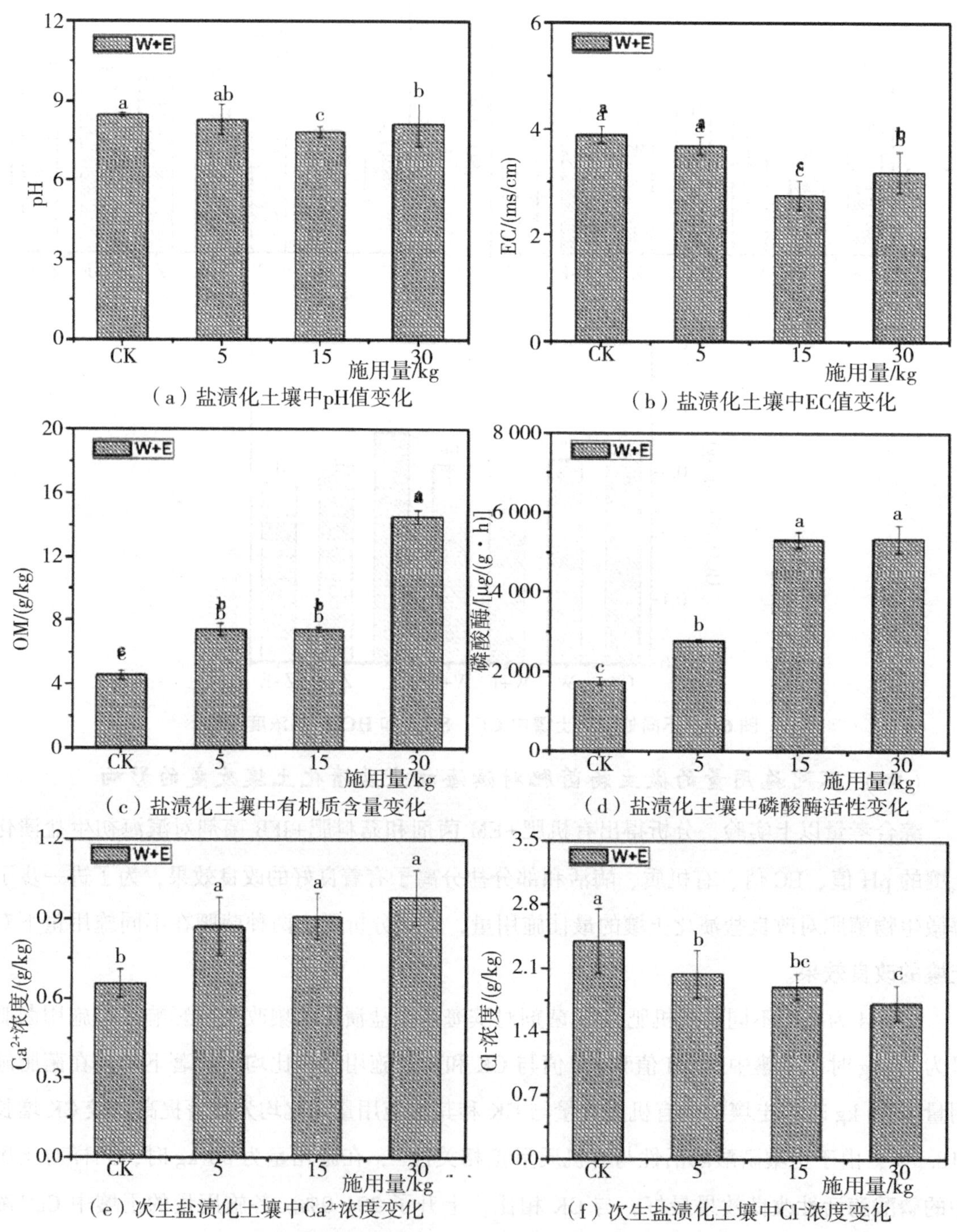

图 6-4 不同施用量的 W+E 处理对盐渍化土壤改良的影响

图 6-5 为施用不同量菇料肥+JFB 菌剂对滨海初生盐渍化土壤改良的影响。

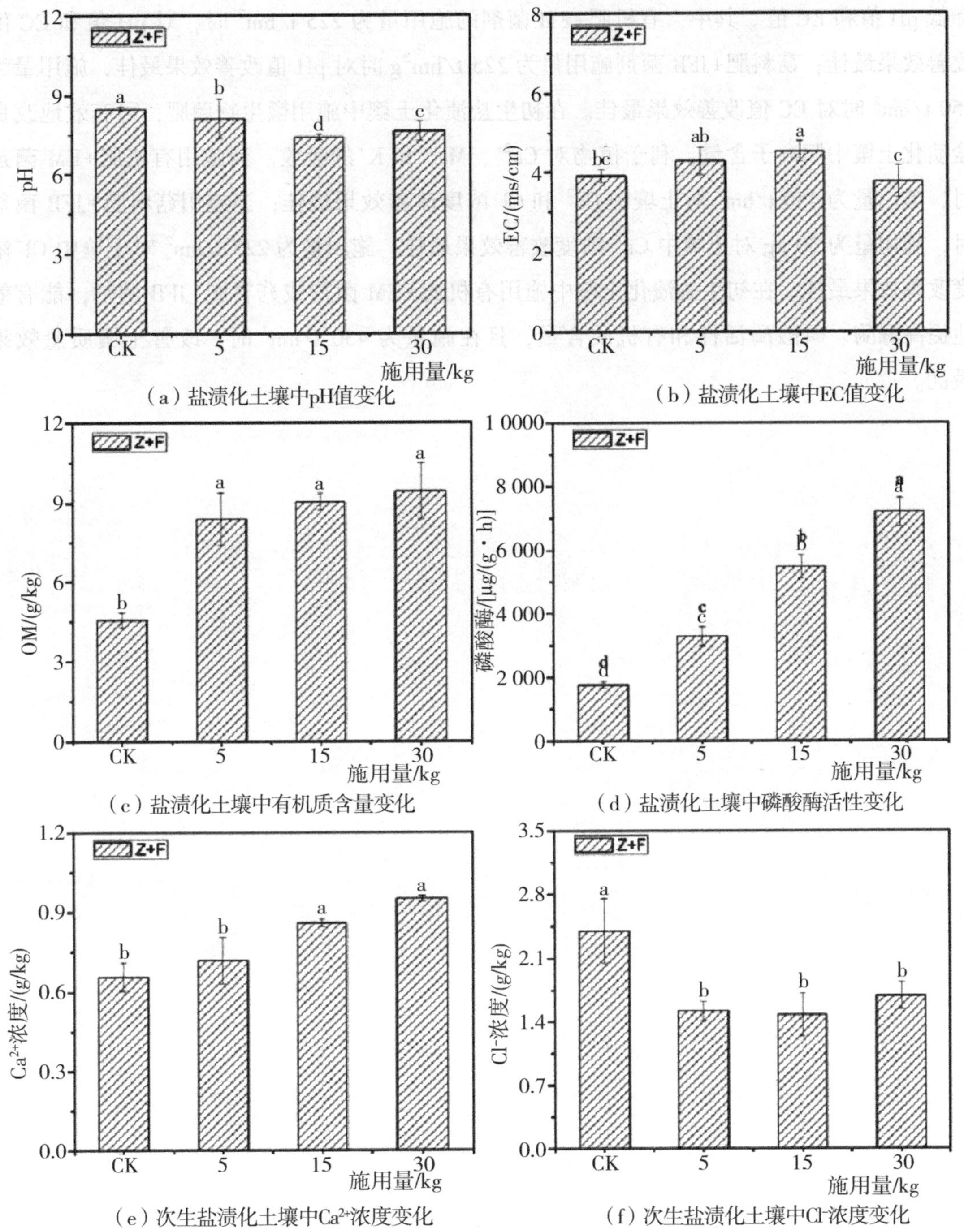

（a）盐渍化土壤中pH值变化

（b）盐渍化土壤中EC值变化

（c）盐渍化土壤中有机质含量变化

（d）盐渍化土壤中磷酸酶活性变化

（e）次生盐渍化土壤中Ca^{2+}浓度变化

（f）次生盐渍化土壤中Cl^{-}浓度变化

图 6-5　不同施用量的 Z+F 处理对盐渍化土壤改良的影响

由图 6-5 可知，与有机肥+EM 菌剂处理相似，在施用量为 15 kg 时对土壤中 pH 值改良效果最佳；在施用量为 30 kg 时，土壤中有机质含量、磷酸酶活性和 Ca^{2+}浓度与 CK 相比上升幅度最大，增幅分别为 106. 6%、309. 6%和 46. 2%，均为显著提高。

综上可知，在初生盐渍化土壤中施用有机肥+EM 菌剂或菇料肥+JFB 菌剂，能有效地降低 pH 值和 EC 值。其中，有机肥+EM 菌剂的施用量为 225 t/hm^2 时，对 pH 值和 EC 值改善效果最佳；菇料肥+JFB 菌剂施用量为 225 t/hm^{2}g 时对 pH 值改善效果最佳，施用量为 450 t/hm^2 时对 EC 值改善效果最佳。在初生盐渍化土壤中施用微生物菌肥，可有效地改良盐渍化土壤中阳离子含量，利于植物对 Ca^{2+}、Mg^{2+}和 K^+的吸收。当施用有机肥+EM 菌剂时，施用量为 450 t/hm^2 对土壤中 Ca^{2+}和 Cl^-浓度改善效果最佳；当施用菇料肥+JFB 菌剂时，施用量为 30 kg 对土壤中 Ca^{2+}浓度改善效果最佳，施用量为 225 t/hm^2 对土壤中 Cl^-浓度改善效果最佳。在初生盐渍化土壤中施用有机肥+EM 菌剂或菇料肥+JFB 菌剂，能有效地提高脲酶、磷酸酶活性和有机质含量，且在施量为 450 t/hm^2 时，改善土壤质量效果最优。

第七章　微生物菌剂在农林生态治理与保护方面的应用

第一节　微生物菌剂修复除草剂污染土壤的研究

在我国，为了提高粮食产量，大量除草剂被使用在耕地中，这导致土地生态环境问题越来越严重。而使用微生物技术来消除土壤中的残留除草剂具有成本低、对土壤环境基本无损伤、处理效果好且可进行原位处理等优势，国内现阶段常选用微生物恢复技术为主要的土壤生态环境恢复手段。

一、除草剂的污染与危害

（一）除草剂的污染状况

由于农作物中各种害虫和杂草的存在，为提高农作物产量，控制农田的草害问题是必要手段。磺酰脲类除草剂是目前使用广泛的除草剂之一，其具有高活性、高选择性、低剂量、低毒性等特点，因此，被称为高效与环保型农药。但是这类除草剂不易挥发，残留时间相对较长，因而在两年内仍会对一些耐性差的后茬轮种作物具有不利影响。同时，该类除草剂被大量违规使用，对农作物造成了严重危害。

磺酰脲类除草剂是一类由三氯苯衍生的具有除草性能的化合物，由芳基、桥、活性基团三部分组成，其结构式如图 7-1 所示。我国应用较广泛的品种主要为氯嘧磺隆、苄嘧磺隆和烟嘧磺隆等①。

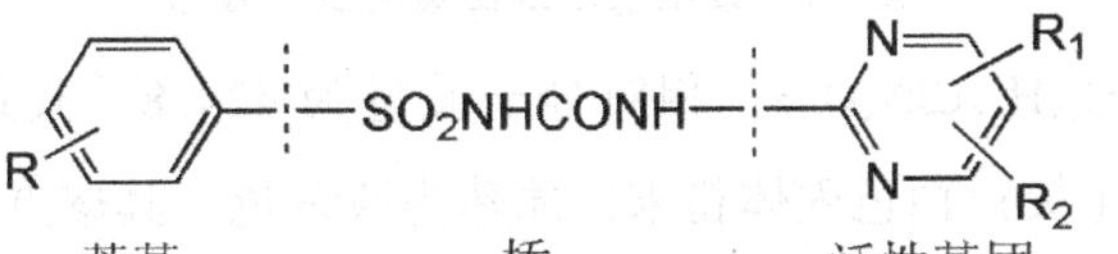

R　—$SO_2NHCONH$—　R_1　R_2

芳基　　桥　　活性基团

图 7-1　磺酰脲类除草剂结构式

磺酰脲类除草剂最初是由美国杜邦公司推出的，这类除草剂是一种选择性内吸传导型除草剂，具有广谱、高效的特点，大多数品种适用于小麦类，不仅对茎叶有效，而且可在

① 张敏恒．磺酰脲类除草剂的发展现状、市场与未来趋势［J］．农药，2010（49）：235-240+245.

土壤中存留。磺酰脲类除草剂是一种非挥发性弱酸类除草剂，因而它们是长期的残留物，主要残留在土壤中，容易渗透和污染地下水，对水生系统、微生物产生不利影响。Battaglin 等①从 75 个地表水站点和 25 个地下水站点收集了 212 份水样，其中，83%的水样被检测到磺酰脲类除草剂浓度超过 0.01 μg/L，在不到 10%的水样中，磺酰脲类除草剂浓度超过 0.5 μg/L。因此，少量的残留会导致后续敏感作物产量下降。

氯嘧磺隆起源于 20 世纪 80 年代，又名豆磺隆或乙磺隆。该药自 20 世纪 90 年代开始引进我国，由于对大豆的除草效果良好，在北方地区被广泛使用，在南方的使用量不多。尽管其应用优点颇多，但长期作用于药害敏感的后茬作物上，大大限制了大豆田的合理轮作，对自然环境和人体健康产生了潜在危险。因此，需要找到合理的解决办法来改善氯嘧磺隆对环境及生物的影响。张可鑫等②探究了阿城地区大豆田中氯嘧磺隆的残留空间分布，对于 0~45 cm 的耕作层及非耕作层，利用对角线五点采样法每隔 5 cm 剖层深度，取不少于 1 kg 的土壤样品一一进行标记，从而分析大豆田中氯嘧磺隆的残留，发现残留范围为 2 021.67~465 287.00 ng/mL，残留量的空间分布总体上呈现先上升后下降的大体趋势，深度为 15~25 cm 的土层中，氯嘧磺隆残留量最高，具体如图 7-2 所示。由此说明，除草剂氯嘧磺隆在土壤中无论是在耕作层还是非耕作层残留量都很大，可见研究氯嘧磺隆的降解办法对于改善北方地区土壤环境是很有必要的。

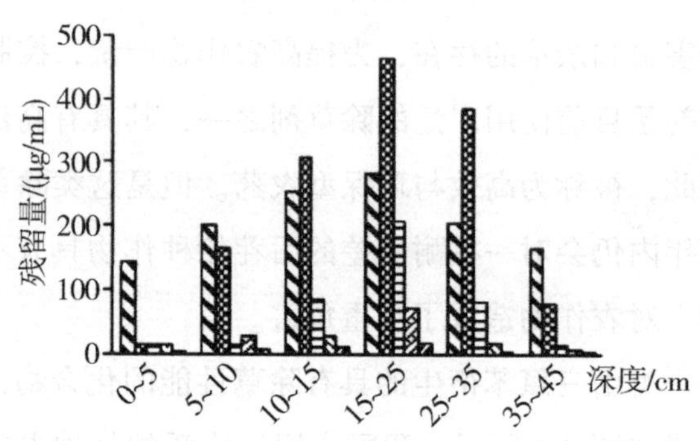

图 7-2 氯嘧磺隆残留量的空间分布

氯嘧磺隆分子式 $C_{15}H_{15}ClN_4O_6S$，相对分子质量为 424.8，其化学结构式如图 7-3 所示。氯嘧磺隆纯品为（灰）白色固体粉末，原药为淡黄色，其熔点为 185~187℃，蒸气压为 0.49 Pa，在水中溶解度为 0.011~0.012 g/L（25℃，pH=5~7），在酸性、中性和碱性

① Battaglin W A，Furlong E T，Burkhardt M R，et al. Occurrence of sulfonylurea，sulfonamide，imidazolinone，and other herbicides in rivers，reservoirs and ground water in the Midwestern United States，1998［J］. Science of the Total Environment，2000，248（2-3）：123-133.

② 张可鑫，张金艳，王亚飞．阿城地区大豆田除草剂残留空间分布研究［J］．现代农业研究，2019（11）：47-50.

溶液中分别以分子态、离子态和化学平衡状态存在，能溶于丙酮、乙腈等有机溶液，其在水中半衰期为 17~25 d（25℃，pH=5）①。

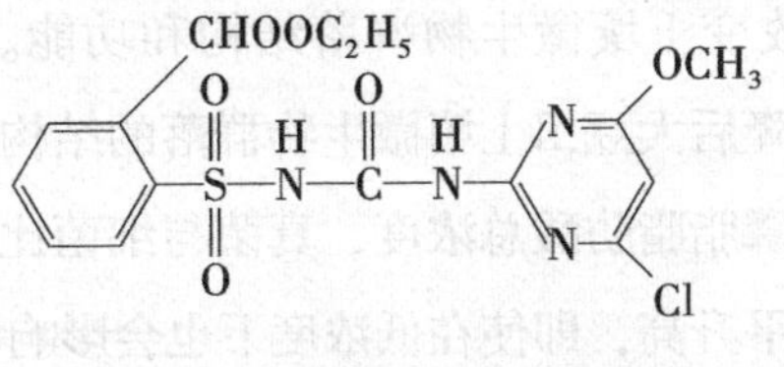

图 7-3　氯嘧磺隆化学结构式

氯嘧磺隆主要用于大豆除草、阔叶杂草、防除莎草及一些禾本科杂草，是一种选择性芽前、芽后应用的内吸传导型除草剂，其靶标为乙酰乳酸合酶，此酶是支链氨基酸合成路径的关键酶。具体来看，氯嘧磺隆的作用机理是植物利用其根和叶对除草剂进行吸收，通过抑制植物体内的乙酰乳酸合成酶的合成，使生物体蛋白质形成所需的三种必需氨基酸（缬氨酸、亮氨酸和异亮氨酸）的合成受阻，从而破坏植物细胞的有丝分裂，以达到除草的目的。

需要注意的是，氯嘧磺隆在土壤中不易发生降解，且残留量大，残留时间长，不仅对后茬敏感作物的毒害严重，也会对土壤活性及人体健康造成潜在威胁。根据我国化合物经口急性毒性分级标准，氯嘧磺隆属于低毒性化合物，服用原药后实验室动物的半数致死量（LD_{50}）和半数致死浓度（LC_{50}）如表 7-1 所示②。

表 7-1　实验室动物 LD_{50} 和 LC_{50}

动物	LD_{50}（半数致死量）	LC_{50}（半数致死浓度）
大鼠急性口服	>4 102 mg/kg（雄），4 236 mg/kg（雌）	
大鼠急性经皮	>5 000 mg/kg	
大鼠急性吸入		>5 mg/L
兔急性经皮	>2 000 mg/kg	
慢性两年饲喂大鼠和狗 250 mg/kg	无作用	无作用

（二）除草剂的危害

1. 对植物的危害

由于氯嘧磺隆是靠抑制乙酰乳酸合酶的合成来达到除草的目的的，它在作用于杂草的同时，也会对后茬作物产生一些不良影响，如抑制小麦的种子萌发以及根、茎生长。同时，氯嘧磺隆除草剂的长期使用表现出毒性作用，主要包括植物叶子逐渐变黄、生长缓慢甚至停滞生长，部分植物还会出现根部发育不成熟、根部坏死等症状。

① 侍南．氯嘧磺隆降解菌的分离鉴定、降解特性和机理及其修复效果［D］．杭州：浙江大学，2016.

② 刘艳．氯嘧磺隆、乙草胺和氟磺胺草醚降解菌的鉴定及其降解特性［D］．哈尔滨：哈尔滨师范大学，2011.

2. 对土壤环境的危害

土壤细菌和土壤动物都可以调节土壤肥力，但土壤中残留氯嘧磺隆对土壤微生物有潜在的抑制作用，它可以显著改变土壤微生物群落结构和功能。Sheng 等①研究了在黑龙江省渭河地区使用不同剂量氯嘧磺隆后大豆田土壤微生物群落的结构变化，实验发现随着氯嘧磺隆施用年限的增加，土壤微生物磷脂脂肪酸总浓度、真菌与细菌比值、革兰氏阴性菌与革兰氏阳性菌比值降低，微生物胁迫水平升高，即使在低浓度下也会影响敏感后续作物的生长。

另外，土壤中残留的氯嘧磺隆可能随雨水渗透到地下水系统中，间接影响水体健康，从而影响水生生物栖息环境。Samanta 等②研究了甲磺隆（10.1%甲磺隆+10.1%氯嘧磺隆）慢性中毒后淡水硬骨鱼的组织结构变化，结果显示淡水硬骨鱼产生了不同程度的组织病变，表明氯嘧磺隆对地下水环境产生了不良影响。

3. 对人体的危害

氯嘧磺隆被认为是对人类健康具有潜在危险的污染物之一。误食残留氯嘧磺隆的作物之后，残留的氯嘧磺隆会由胃肠道吸收，遍布全身，其中含量最多的部位为肝，人体健康会受到潜在威胁。

二、农药残留的控制与修复

除草剂的使用对农业生产有益，但是过量使用会对大气、水体、土壤等造成危害。目前普遍使用生物降解和非生物降解的方法处理土壤中残留的农药，增加有机肥的使用，提高土壤的利用率，为土壤中的微生物提供适宜的生存环境，从而提高土壤的自净能力。此外，也可通过一些物理、化学、生物等技术措施降低农药残留含量③。

（一）物理修复

物理修复主要包括填埋法、换土法和通风去污法。其中，通风去污法是利用人工对土壤进行通风从而去除土壤中的有机挥发性物质，但这种方法只能解决短暂的问题，而且会消耗大量的时间、精力和经济。

（二）化学修复

化学修复是通过向土壤中加入化学改良剂，使残留的除草剂加速降解，即利用化学反应从而实现土壤的修复。虽然这是一种快速直接的方法，但是这些化学物质同样也会对土

① Sheng Y, Xu J, Liu X G, et al. Effects of chlorimuron-ethyl on soil microbial community structure in soybean field [J]. The Journal of Applied Ecology, 2010, 21 (11): 2992-2996.

② Samanta P, Bandyopadhyay N, Pal S, et al. Histopathological and ultramicroscopical changes in gill, liver and kidney of Anabas testudineus (Bloch) after chronic intoxication of almix (metsulfuron methyl 10.1% + chlorimuron ethyl 10.1%) herbicide [J]. Ecotoxicology and Environmental Safety, 2015, 122: 360-367.

③ 张亚亚. 有机磷农药降解菌的筛选及菌剂的制备 [D]. 沈阳：沈阳农业大学，2019.

壤产生新的污染。

（三）生物修复

生物修复是利用微生物自身的生命活动降解土壤中残留的农药。生物修复包括多种方法，如生物炭修复、植物修复、动物修复和微生物菌剂修复等。生物炭修复可以降低残留量，但是用量很大；植物修复的最大好处就是没有污染，但其修复周期很长；微生物菌剂修复可以将土壤中的有毒有害物质通过微生物部分或完全转化分解成水、二氧化碳等。具体而言，微生物降解氯嘧磺隆除草剂主要是通过酶促反应完成，常见的降解酶主要分为两大类：一类为水解酶类，包括磷酸酶、酯酶、裂解酶等；另一类为氧化还原酶类，包括过氧化物酶和多酚氧化酶等。研究人员主要借助各种分析仪器识别中间降解产物以推测微生物降解磺酰脲类除草剂的主要途径，目前研究得到的微生物降解氯嘧磺隆的主要途径包括以下两种①。

1. 脲桥的断裂

降解酶通过水解、氧化等作用使氯嘧磺隆的脲桥发生断裂，具体机理如图 7-4 所示。

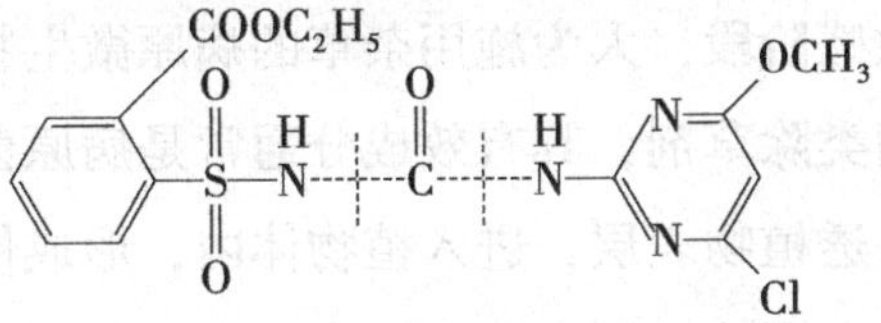

图 7-4　氯嘧磺隆脲桥发生断裂

Pan 等②在 2018 年研究发现了路德维希肠杆菌 CE-1 对氯嘧磺隆的降解途径，CE-1 先将氯嘧磺隆转化为 2-氨基-4-氯-6-甲氧基嘧啶，之后通过氯嘧磺隆脲桥的裂解得到中间产物，最后经水解和酰胺化转化为糖精。

2. 酯键的断裂

对拥有酯结构的氯嘧磺隆，它的酯键能被微生物产生的相应酯酶水解，具体机理如图 7-5 所示。

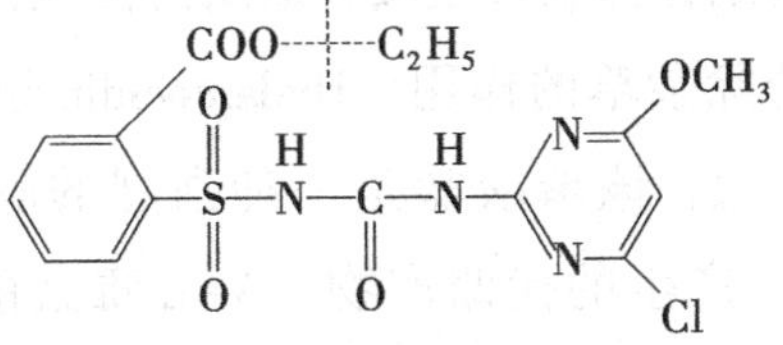

图 7-5　氯嘧磺隆酯键发生断裂

① 李燕．污染场地生物修复技术应用研究［J］．环境保护与循环经济，2019，39（5）：22-25+60.

② Pan X，Wang S，Shi N，et al. Biodegradation and detoxification of chlorimuron-ethyl by Enterobacter ludwigii sp. CE-1［J］. Ecotoxicology and Environmental Safety，2018，150：34-39.

Zang 等①在 2019 年研究了氯嘧磺隆降解菌红球菌 D310-1 的基因组序列，并从 D310-1 中克隆了一个可能与羧酸酯酶去酯化有关的羧酸酯酶基因 CarE，并对其进行分析研究，发现 CarE 参与了氯嘧磺隆的脱酯化反应。

此外，微生物的修复过程与环境因素息息相关。土壤水分含量影响土壤微生物的活性，也影响降解过程中的氧化还原过程。近年来，已有研究者从富集环境中分离出以农药作为碳源的菌种，由于这些降解菌易受自然环境因素的影响，在实际应用中的修复效果并不理想，而将其制备成微生物菌剂则会具有更高的活性和耐受性。这种方法不仅对环境危害小，而且为菌剂提供了适宜的生存环境，且菌剂生长较快，利用其进行修复处理效果稳定，微生物降解除草剂效率快速。

三、微生物除草剂

（一）微生物除草剂的作用原理

活体微生物除草剂多是选用杂草的病原微生物，这些生防菌株对植物通常具有很强的入侵效果，在杂草的生长敏感阶段，人为施用杂草的病原微生物，杂草受到病原菌侵染后患病死亡。应用较多的真菌类除草剂，其有效成分通常是病原菌的孢子制剂，其机理为真菌在接触到杂草植物后会穿透植物表层，进入植物体内，形成侵染结构，在植物体内大量扩展，对杂草的生理过程产生影响。而有些病原真菌在入侵植物后的代谢产物会对植物产生毒害，削弱植物的防御体系，或直接使植物染病死亡。

微生物代谢产物类除草剂的活性成分多是微生物产生的毒素或抗生素物质，这类物质包括多肽类、大环酯类和萜类等，这类除草剂在进入植物体内后会破坏植物内部结构，特别是破坏维持植物生命活动的重要过程（如光合作用过程、蛋白质及脂质的代谢过程等）中的酶系统，从而阻碍植物的正常生理过程，由此引起植物病变，最终导致植物死亡。此外，微生物的代谢产物因其具有不同的结构而有不同的作用位点，如双丙氨膦在植物体内转化为膦化麦黄酮，膦化麦黄酮会抑制谷酰胺合成酶的活性，引起氨的积累，抑制光合作用中光合磷酸化作用，起到防除杂草的作用。Hydantocidin 进入植物体内，首先会被磷酸化，生成 Hydantocidin-5′-磷酸盐，该磷酸盐是一种强烈的腺苷酸琥珀酸合成酶抑制剂。AAL-毒素是由交链格孢菌变种产生的代谢产物，AAL-毒素能抑制植物神经酰胺合成酶，从而引起该酶的底物大量积累，导致细胞膜破裂，对多种杂草有致病效果。目前，人们发现了很多具有除草活性的微生物代谢产物，但有很大一部分的作用原理尚不清楚，对这些代谢产物进行除草机理研究将会为除草剂的发展提供巨大贡献。

① Zang H, Wang H, Miao L, et al. Carboxylesterase, a de-esterification enzyme, catalyzes the degradation of chlorimuron-ethyl in Rhodococcus erythropolis D310-1［J］. Journal of Hazardous Materials, 2020, 387: 121684.

（二）微生物除草剂的优势

活体微生物对杂草的选择性很强，在对寄主植物产生高效除草效果的同时，对非寄主的农作物以及人和动物也较为安全，而且对环境的影响很小。活体微生物在使用后会在环境中自我繁殖，因此其往往具有长期功效。总之，微生物代谢产物除草剂与传统的除草剂相比有很多优势。

第一，这些微生物代谢产物源于自然环境，在发挥除草作用后往往很容易降解为无毒无害的物质，对环境的影响很小。

第二，具有除草活性的微生物天然代谢产物的结构一般比较复杂新颖，一般的化学方法难以解析其化学结构。利用天然产物除草以及对其结构的研究，可以发现新的除草作用位点，同时为化学合成除草剂提供新的思路。

第三，特异性强。有很大一部分寄主转化型毒素，选择性高，在杀死目标植物的同时，对人和动物以及非寄主植物安全。

第四，天然微生物产物除草剂一般有多个靶标，作用于不同的位点，杂草不易对其产生抗药性，可以有效克服因长期使用化学除草剂带来的杂草耐药性问题。

第五，随着生命科学的快速发展，利用遗传学和基因工程，可以获得更多的微生物代谢产物，降低生产成本，为微生物除草剂的大规模使用奠定基础。

（三）微生物除草剂存在的问题和解决办法

微生物除草剂与化学除草剂相比虽有很多的优点，但是真正实现商品化大量应用的产品数量仍比不过传统除草剂，这主要是因为微生物除草剂还存在一些研究和开发应用上的问题。

1. 寄主单一

微生物除草剂，特别是活体微生物除草剂，对寄主植物的选择性很强。而在农田环境中往往会存在多种类型的杂草，对于只对一种或几种杂草有防除效果的微生物除草剂，专一性限制了其大规模的使用。因此，选择两种或多种微生物及其代谢产物复配为一种除草剂来共同发挥作用，可以拓宽微生物除草剂的除草范围，或将微生物除草剂和化学除草剂、杀虫剂等农药混用，提高经济价值。

2. 活性物质生产困难

微生物除草剂生产最先要解决的问题是有效成分的大量生产，液体发酵是最常用的生产方式，但是在发酵过程中，会遇到菌株繁殖速度低、菌株退化、代谢产物产量过低等问题，影响发酵生产的质量，从而限制规模化生产。要解决这些问题首先要有良好的菌种，通过人工诱变、基因导入等方法获得高致病性或高产毒素的微生物，然后优化发酵技术，采用合理的发酵温度、发酵时间，适当的营养成分，以提高菌体或代谢产物的产量，同时还要时刻注意菌株退化带来的不良影响。

3. 剂型加工问题

对活体微生物除草剂来说，有效成分多为不溶于水的微生物颗粒，在水中的悬浮性、分散性往往不够理想，这都会给加工制剂和田间应用带来困难。虽然微生物代谢产物除草剂通常没有溶解性相关的问题，但也要考虑包装、保存时间和运输等问题。加强微生物除草剂剂型的研究，选择合适的助剂和适当的制剂方式，可以使微生物除草剂更加方便包装运输，易于使用。

4. 易受环境影响

微生物除草剂在使用过程中对环境的要求较高，诸如农田的温度和湿度会直接影响到活体微生物的繁殖速度，从而影响除草效率。开发出最适合微生物的助剂，可以降低微生物除草剂在施用时对环境的要求，提高浸染成功率，同时如果在配方中添加一些营养物质(如葡萄糖)，将有利于微生物在杂草中萌发、生长和侵染。此外，杂草不同生长时期对微生物除草剂的敏感程度不同，选择杂草的敏感时期施用，能发挥出最佳的除草效果。

5. 安全问题的评估

目前针对微生物除草剂安全性评估系统仍不完善，通常来说，微生物除草剂对环境、人和动物是安全的，但大规模应用时必须保证其安全性，而微生物制剂的组成和除草过程通常比较复杂，所以充分研究其安全性更为重要。这就要求对微生物除草的机理和安全性进行坚持不懈的研究，这可以为人们获得新型的除草剂提供思路，同时在选择微生物除草剂时“扬长避短”，最大限度地发挥其除草优势而减少或避免其对环境造成的影响。

综上所述，杂草的生长会对农业生产带来严重危害，人们应对杂草的策略依然是使用化学除草剂为主，而随着人们对大量使用化学除草剂所带来的负面影响越发重视，可以在环境中快速降解的微生物除草剂越来越受到人们的关注。

第二节　微生物菌剂防治土传病害的研究

一、土传病害概述

土壤中存在数量巨大、种类繁多的微生物，它们是土壤生态系统中非常重要的组成部分，在改善土壤结构、促进土壤养分循环、促进植物生长发育、抑制病原菌活性及增加土壤有益微生物数量等方面发挥着至关重要的作用①。然而，有些土壤微生物会引起植物病害，这类微生物统称为土传病原微生物。植物土传病害是由生活在土壤中或残留在病残体

① 黄新琦，蔡祖聪．土壤微生物与作物土传病害控制［J］．中国科学院院刊，2017，32（6）：593-600.

中的病原细菌、真菌、病毒和线虫等侵染植物的根茎部进而引起的病害①。常见的毁灭性植物土传病害包括水稻纹枯病，玉米茎基腐病，大豆、甘薯根腐病，棉花立枯病，以及烟草猝倒病等，这些土传病害会导致农作物减产，甚至绝收②。

引起植物土传病害的病原微生物主要有病原细菌如茄青枯病菌（*Ralstonia solanacearum*）、欧文氏菌（*Erwinia* sp.）、假单胞菌（*Pseudomonas* sp.）、土壤杆菌（*Agrobacterium* sp.）等，病原真菌如尖孢镰刀菌（*Fusarium oxysporum*）、疫霉（*Phytophthora* sp.）、大丽轮枝菌（*Verticillium dahliae*）、核盘菌（*Sclerotinia* sp.）、立枯丝核菌（*Rhizoctonia solani*）、腐霉（*Pythium* sp.）、炭疽菌（*Colletotrichum* sp.）、尾孢菌（*Cercospora* sp.）等，土传病毒如烟草花叶病毒（*Tobacco mosaic virus*）等，线虫如根结线虫（*Meloidogyne* sp.）等③。

近年来，随着农业现代化水平的提高，我国集约化农业不断发展以及连年栽培高附加值农作物，导致植物土传病害发生率不断上升，农作物减产严重，品质也受到严重影响。造成我国农作物土传病害逐年加重的原因主要包括以下几点：一是秸秆还田，秸秆中残留着大量病原微生物和虫卵，还田后会导致土传病原微生物大量繁殖，从而增加作物的发病率④；二是单一农作物连续种植，导致土传病原微生物无自然衰减过程，在更短的种植时间内，土传病原微生物的数量即可达到使农作物致病的临界水平⑤；三是土壤退化，胁迫农作物生长，导致农作物生长缓慢、抗病能力下降，感染土传病原微生物的概率增加⑥。植物土传病害是一类非常普遍的植物病害，已成为一个世界性的问题，给农业生产带来重大经济损失，严重制约农业生产的可持续发展，被称为“植物癌症”⑦。

二、土传病害的防治技术

植物土传病害具有强传染性、隐藏性、爆发性和毁灭性的特点，一旦发生，很难根治，因而通常以“预防为主，治疗为辅”的原则对土传病害进行防治。目前主要从农业防治、物理防治、化学防治和生物防治四个方面防治植物土传病害的发生，改进栽培方式和耕作制

---

① 蔡祖聪，黄新琦．土壤学不应忽视对作物土传病原微生物的研究［J］．土壤学报，2016，53（2）：305-310.

② 钟丽伟，谭鸿升，陈泽斌，等．根际微生物防治土传病害的研究进展［J］．昆明学院学报，2022，44（3）：75-82.

③ 曹坳程，刘晓漫，郭美霞，等．作物土传病害的危害及防治技术［J］．植物保护，2017，43（2）：6-16.

④ 夏艳涛，吴亚晶．秸秆还田对水稻病虫害及产量影响研究［J］．北方水稻，2013，43（6）：37-39.

⑤ Smiley R W，Ingham R E，Uddin W，et al. Crop sequences for managing cereal cyst nematode and fungal pathogens of winter wheat［J］．Plant disease，1994，78（12）：1142-1149.

⑥ Pérez-Brandán C，Huidobro J，Grümberg B，et al. Soybean fungal soil-borne diseases：a parameter for measuring the effect of agricultural intensification on soil health［J］．Canadian Journal of Microbiology，2014，60（2）：73-84.

⑦ 李兴龙，李彦忠．土传病害生物防治研究进展［J］．草业学报，2015，24（3）：204-212.

度、培育抗病品种、物理性处理土壤、化学熏蒸、喷洒化学农药及微生物菌剂防治等①。

（一）农业防治

其一，利用轮作、套作、间作或混作等传统耕作措施种植农作物，可改善土壤中微生物群落结构，有利于提高光能和土地利用率，提高土壤的抗病能力，从而避免单一栽培的病虫草危害②。其二，向土壤中施用新鲜或经过处理的动植物残体和垃圾等有机肥，改善土壤的理化特性，直接抑制土传病原微生物生长或者通过增加竞争性微生物的数量，达到预防土传病害的目的③。其三，通过分子生物技术培育抵抗病害的品种，是防治土传病害的重要手段之一，但培育出的新品种大多只针对某一病害，要培育抵抗多种病害的品种并非易事。

（二）物理防治

在农作物种植前采用日光暴晒、蒸汽灭菌、热水渗滤及电加热等物理方式对土壤进行消毒灭菌④。这些物理方式对环境比较友好，但是操作复杂，成本偏高，且对安全的要求较高，更适用于温室大棚等一些特殊区域⑤。

（三）化学防治

使用土壤熏蒸剂杀死土壤中的土传病原微生物，常用的熏蒸剂如氯化苦、威百亩、1，3-二氯丙烯、二甲基二硫及异硫氰酸甲酯等⑥。化学药剂具有见效快、成本低、使用方便等优点，被农业生产者广泛使用，在防治土传病害中发挥着重要作用。但要注意，化学药剂大量使用，不仅会杀死土传病原微生物，还会杀灭土壤中的有益菌，导致土壤微生态失衡，而且会引起土壤中化学药物残留以及抗病性积累等问题，可能会引起更严重的病害暴发，危害生态环境⑦。

（四）生物防治

生物防治是利用一种或多种微生物及其代谢产物来抑制土传病原微生物活性和繁殖能

---

① 李世东，缪作清，高卫东．我国农林园艺作物土传病害发生和防治现状及对策分析［J］．中国生物防治学报，2011，27（4）：433-440.

② 杨珍，戴传超，王兴祥，等．作物土传真菌病害发生的根际微生物机制研究进展［J］．土壤学报，2019，56（1）：12-22.

③ 褚逸轩．微生物菌剂防治土传病害及贝莱斯芽孢杆菌 NT35 发酵罐发酵条件研究［D］．长春：吉林农业大学，2019.

④ Katan J. Physical and cultural methods for the management of soil-borne pathogens［J］．Crop Protection，2000，19（8-10）：725-731.

⑤ 李明社，李世东，缪作清，等．生物熏蒸用于植物土传病害治理的研究［J］．中国生物防治学报，2006，22（4）：296.

⑥ 王秋霞，颜冬冬，王献礼，等．土壤熏蒸剂研究进展［J］．植物保护学报，2017，44（4）：529-543.

⑦ Mowlick S，Inoue T，Takehara T，et al. Changes and recovery of soil bacterial communities influenced by biological soil disinfestation as compared with chloropicrin-treatment［J］．Amb Express，2013，3（1）：1-12.

力的方法，通常具有抗病和促生的双重效果。Luca 等[①]研究发现哈茨木霉制剂“Trichodex”可用于防治蔬菜根腐病、猝倒病和萎蔫病等；国内也研发出“百抗”“灭线灵”和“枯草芽孢杆菌 G3 菌剂”[②]。综合而言，微生物菌剂绿色环保、无毒无害、不容易使土传病原微生物产生抗性，是用于防治植物土传病害的有效技术手段。

三、用于防治土传病害的微生物

利用微生物菌剂防治植物土传病害已成为当前研究的热点，多数用于防治土传病害的微生物菌株是通过大量筛选培育获得的，以喷洒或浇灌等方式引入植物的根际，使其在植物根际定植并大量繁殖，改善土壤微生态平衡，从而发挥抑菌作用[③]。用于防治植物土传病害的微生物包括生防细菌（假单胞菌属、芽孢杆菌属等）、生防真菌（哈茨木霉、长枝木霉等）、生防放线菌（链霉菌属等）和复合菌剂等。

（一）生防细菌

生防细菌种类繁多、繁殖速度快、作用范围广，在适宜的环境中能迅速占据生态位，与植物建立密切联系[④]。其中，芽孢杆菌属和假单胞菌属在防治土传病害方面应用最为广泛。李界秋等[⑤]测定了 6 株贝莱斯芽孢杆菌对核盘菌、灰葡萄孢菌、立枯丝核菌、尖孢镰刀菌古巴专化型、齐整小核菌、烟草疫霉和终极腐霉 7 种土传病原菌的抑制活性，研究发现 6 株贝莱斯芽孢杆菌对这 7 种土传病原菌的菌丝生长均有显著的抑制作用，具有防治土传病害的潜力。Islam 等[⑥]从植物根际中分离出一株铜绿假单胞菌 BA5，其能有效抑制病原菌菌丝生长，对尖端镰刀菌黄瓜专化型的抑制率达到 58.33%，具有抗真菌的潜力，是一种很有前景的抗黄瓜枯萎病的生防细菌。目前生防细菌大多从土壤中筛选，虽然资源丰富，但是能够应用于实际生产中的菌剂有限，不足以满足实际生产需求。

（二）生防真菌

生防真菌在防治植物土传病害方面应用广泛，其中研究最多的生防真菌是木霉菌，其

---

① Luca F D，Vecchione A，Pergher A，et al. Grey mould control on small fruits with Trichoderma harzianum（Trichodex）［J］. ResearchGate，2002：255-260.

② 顾真荣，吴畏，高新华，等. 枯草芽孢杆菌 G3 菌株的抗菌物质及其特性［J］. 植物病理学报，2004（2）：166-172.

③ Schroth M N，Hildebrand D C. Influence of plant exudates on root-infecting fungi［J］. Annual review of phytopathology，1964，2（1）：101-132.

④ 高游慧，郑泽慧，张越，等. 根际微生态防治作物土传真菌病害的机制研究进展［J］. 中国农业大学学报，2021，26（6）：100-113.

⑤ 李界秋，宋文欣，蒙姣荣，等. 6 株贝莱斯芽孢杆菌对土传病原菌的抑制活性及其作用机理［J］. 福建农业学报，2022，37（3）：371-380.

⑥ Islam M，Nain Z，Alam M，et al. In vitro study of biocontrol potential of rhizospheric Pseudomonas aeruginosa against Fusarium oxysporum f. sp. cucumerinum［J］. Egyptian journal of Biological Pest control，2018，28（1）：1-11.

优点有广谱性高、适应性强，主要包括哈茨木霉、长枝木霉、棘孢木霉及绿色木霉等。扈进冬等[①]研究了哈茨木霉 LTR-2 拌种对小麦纹枯病和茎基腐病发生情况的影响，结果表明哈茨木霉 LTR-2 拌种对小麦纹枯病的防效达 60%以上，对小麦茎基腐病的防效达 65%以上。李进一等[②]从森林土壤分离得到一株短密木霉 BF06，其对引起黄瓜枯萎病菌、番茄根枯病菌、番茄菌核病菌、黄瓜枯萎病菌及隐疫霉具有较强的拮抗作用，对黄瓜枯萎病和茎基腐病的防效分别为 90. 4%和 88. 8%，表明短密木霉 BF06 具有防治黄瓜根部病害的潜力。郭现坤[③]发现绿色木霉菌 Tr14 对茄病镰刀菌和尖孢镰刀菌有明显的抑制作用，并开发了绿色木霉菌糠发酵物防治黄瓜根腐病技术。目前，关于生防真菌在植物土传病害防治方面的研究较为成功，并在防治土传病害方面发挥着非常重要的作用。

（三）生防放线菌

生防放线菌种类繁多，功能各异，在防治植物土传病害方面具有较大的潜力。因为链霉菌具有分离容易和产生特殊抗菌物质等特点，在防治土传病害方面应用较为广泛。郭佳月[④]从玉米土壤中筛选获得一株公牛链霉菌 G1，其对引起玉米茎腐病的禾谷镰孢病菌具有较强的拮抗作用，当公牛链霉菌 G1 菌株发酵液浓度为 50%时，对禾谷镰孢病菌菌丝抑制率和孢子萌发抑制率达 95%和 99%。李鸿坤等[⑤]发现肉桂栗色链霉菌 HJG-5 对多种植物病原真菌有较强的抑制作用，并研制了肉桂栗色链霉菌生防剂型，结果发现其对黄瓜枯萎病有较好的防治效果。Nguyen 等[⑥]研究发现链霉菌对串珠镰刀菌的抑制率达 60%以上，链霉菌培养 6 d 后可使串珠镰刀菌分泌的毒素降低 87. 5%～98. 2%。目前，生防放线菌菌剂已成为防治土传病害的重要微生物菌剂，在土传病害防治方面有广阔的开发前景。

（四）复合菌剂

单一生防菌在特定条件下对土传病害的防治有一定效果，但其对土传病原菌的抑制作用存在局限性，通过研究发现复合菌剂防治土传病害会更有效。丛韫喆[⑦]研究发现黑根霉

---

① 扈进冬，杨在东，吴远征，等．哈茨木霉拌种对冬小麦生长、土传病害及根际真菌群落的影响［J］．植物保护，2021，47（5）：35-40.

② 李进一，卢彩鸽，刘霆，等．短密木霉新菌株 BF06 对黄瓜土传病害的防治效果与促生作用（英文）［J］．中国生物防治学报，2018，34（3）：449-460.

③ 郭现坤．绿色木霉菌糠基质的研制及其在黄瓜根腐病防治中的应用［D］．北京：中国农业科学院，2017.

④ 郭佳月．公牛链霉菌对玉米土传病害的抑菌机制及对连作土壤修复作用研究［D］．长春：吉林农业大学，2021.

⑤ 李鸿坤，米佳雯，池明，等．放线菌菌株 HJG-5 生防剂型的研制及对黄瓜枯萎病的防治效果［J］．西北农业学报，2020，29（7）：1087-1094.

⑥ Nguyen P A，Strub C，Durand N，et al. Biocontrol of Fusarium verticillioides using organic amendments and their actinomycete isolates［J］．Biological Control，2018，118：55-66.

⑦ 丛韫喆．生防菌混合发酵液对植物土传病害防治、土壤性质微生物区系和采后果实品质的影响［D］．济南：山东大学，2020.

和拟康氏木霉的复合菌剂对多种土传病原菌具有抑制作用，田间试验中复合菌剂对黄瓜枯萎病和番茄灰霉病的防治效果达到85%以上。张惠文等①制备的复合菌剂对黄瓜根结线虫病和枯萎病的防效分别为72.3%和70.0%，对番茄根结线虫病和青枯病的防治效果分别为73.1%和69.3%。

四、微生物菌剂用于防治土传病害的作用机制

微生物菌剂防治土传病害是一个复杂的过程，不仅涉及生防微生物、土传病原微生物及作物，还涉及土壤微生物群落和线虫等②。微生物菌剂在土传病害防治中的作用机制主要包括以下四方面。

（一）竞争空间和营养物质

生防微生物通过占据作物根际环境中有限的生态位，消耗定量的营养物质而在根际中生存。因此，大量生防微生物群落占据绝大多数生态位，仅留下少量生态位供土传病原菌侵入③。Pliego 等④发现产碱假单胞菌 AVO73 相比假产碱假单胞菌 AVO110，在体外对牛油果白根病病原菌褐座坚壳菌的拮抗作用更强，但只有 AVO110 对牛油果白根病有显著改善作用，后续研究发现，这两株菌定植于牛油果根际的不同位置。该研究结果表明，只有当生防菌与土传病原菌占据同一个根际生态位，且生防菌在根际的定植能力更强时，才能有效发挥其防治土传病害的作用。

（二）对病原菌的拮抗作用

生防微生物除了抢占竞争生态位和营养物质以外，还会分泌一些拮抗物质，抑制土传病原菌的生长和毒力。生防微生物对抗作物土传病原菌侵害的关键因素是分泌抗生素。已报道的可分泌抗生素的生防菌主要包括假单胞菌、芽孢杆菌、链霉菌及沙雷氏菌等，分泌的抗生素种类主要为2，4-二乙酰基间苯三酚、藤黄绿脓菌素、新霉素、杆菌溶素及卡那霉素等⑤。Cha 等⑥鉴定了链霉菌分泌的一种新型抗真菌硫肽抗生素，通过干扰真菌细胞壁

---

① 张惠文，李旭，苏振成，等．根结线虫及土传病害真菌拮抗菌株筛选及复合菌剂构建［C］．//中国微生物学会微生物资源专业委员会．第四届全国微生物资源学术暨国家微生物资源平台运行服务研讨会论文集．2012：34-35.

② 李玉龙．生防菌对两种作物病害的防治作用及机理［D］．咸阳：西北农林科技大学，2019.

③ Wei Z，Yang T，Friman V P，et al. Trophic network architecture of root-associated bacterial communities determines pathogen invasion and plant health［J］. Nature Communications，2015，6（1）：1-9.

④ Pliego C，De Weert S，Lamers G，et al. Two similar enhanced root-colonizing Pseudomonas strains differ largely in their colonization strategies of avocado roots and Rosellinia necatrix hyphae［J］. Environmental Microbiology，2008，10（12）：3295-3304.

⑤ 张亮，盛浩，袁红，等．根际促生菌防控土传病害的机理与应用进展［J］．土壤通报，2018，49（1）：220-225.

⑥ Cha J Y，Han S，Hong H J，et al. Microbial and biochemical basis of a Fusarium wilt-suppressive soil［J］. The ISME Journal，2016，10（1）：119-129.

的生物合成发挥其抑菌特性，并发现其对草莓枯萎病的防治有一定效果。

（三）诱导植物系统抗性

生防微生物在与植物相互作用的过程中，诱导植物对病害由原来的感病状态转变为抗病状态的现象，称为诱导系统抗性。生防微生物在植物根际定植是产生诱导植物系统抗性的必要条件。假单胞菌、芽孢杆菌、菌根真菌及内生真菌均能诱导植物系统抗性，提高作物对土传病原菌的抵抗能力。Jung 等①研究了促进植物生长的根际细菌金黄色假单胞菌63-28 诱导系统抗性的能力，结果表明金黄色假单胞菌诱导大豆根系超氧化物歧化酶和过氧化氢酶活性分别提高了 24. 6%和 54%，抗坏血酸过氧化物酶和苯丙氨酸解氨酶活性分别提高了 75. 1%和 23. 6%，这些物质可抵御土传病原菌的侵害，而且金黄色假单胞菌对大豆立枯丝核病起到了良好防治作用。

（四）分泌溶解酶

生防微生物可产生具有溶解病原菌细胞壁、毒害病原菌特性的溶解酶，目前已报道的溶解酶主要有纤维素酶、几丁质酶、β-1，3-葡聚糖酶和蛋白酶等，对土传病原菌有强烈的抑制作用。② Fridlender 等③研究发现产 β-1，3-葡聚糖酶的洋葱假单胞菌对立枯丝核菌、白绢病菌和极腐霉 3 种土传病原菌有较强的抑制效果，抑制率分别为 85%、48%和 71%。Suryanto 等④研究发现，由生防微生物产生的几丁质酶与 β-1，3-葡聚糖酶复合使用，其抑制土传病原菌的效果更显著。

---

① Jung W J，Park R D，Mabood F，et al. Effects of Pseudomonas aureofaciens 63-28 on defense responses in soybean plants infected by Rhizoctonia solani［J］. Journal of Microbiology and Biotechnology，2011，21（4）：379-386.

② Mauch F，Hadwiger L A，Boller T. Antifungal hydrolases in pea tissue：I. Purification and characterization of two chitinases and two β-1，3-glucanases differentially regulated during development and in response to fungal infection［J］. Plant Physiology，1988，87（2）：325-333.

③ Fridlender M，Inbar J，Chet I. Biological control of soilborne plant pathogens by a β-1，3 glucanase-producing Pseudomonas cepacia［J］. Soil Biology and Biochemistry，1993，25（9）：1211-1221.

④ Suryanto D，Patonah S，Munir E. Control of fusarium wilt of chili with chitinolytic bacteria［J］. Hayati Journal of Biosciences，2010，17（1）：5-8.

参考文献

[1] 邓勋，宋小双，尹大川，等．绿木霉 T43 发酵液不同菌剂剂型的制备及野外应用 [J]．中国森林病虫，2014，33（2）：8-12.

[2] 韩雪．放线菌生物肥料对作物生长及根际微生物群落调控的影响［D］．咸阳：西北农林科技大学，2021.

[3] 田秀梅，王晓丽，彭士涛，等．乙酸改性苎麻纤维固定化微生物的石油污染修复研究［J］．应用化工，2019，48（9）：2045-2049.

[4] 应航，汪海鹏，王春艳，等．生物强化技术的特性及其水污染治理工艺研究［J］．环境与发展，2018，30（11）：61-62.

[5] 孙宝魁，王东伟．高效稳定纤维素分解混合菌群的筛选及分解特性研究［J］．环境科学与管理，2008，33（9）：116-119.

[6] 戚桂娜．沼气发酵复合菌及其在牛粪厌氧发酵中的应用［D］．大庆：黑龙江八一农垦大学，2010.

[7] 陈文浩．除氨复合菌的筛选及其在条垛式堆肥中的应用［D］．大庆：黑龙江八一农垦大学，2011.

[8] 柳洪良．甘蔗渣发酵饲料中乳酸菌复合菌的筛选及其发酵特征的研究［D］．延吉：延边大学，2010.

[9] 种玉婷．稻秆降解复合菌的筛选及其发酵特性研究［D］．哈尔滨：东北农业大学，2011.

[10] 牛俊玲．堆肥中高效降解纤维素——林丹复合菌的构建及应用［D］．北京：中国农业大学，2005.

[11] 朱文博．生物强化技术在水污染治理中的运用分析［J］．皮革制作与环保科技，2021，2（7）：101-103.

[12] 边志龙．假单胞菌基因工程固氮菌菌剂的制备和田间应用效果评价［D］．济南：山东大学，2022.

[13] 熊贵利，陈瑾，叶文衍．生物强化技术及其在水污染治理中的应用［J］．环境科学与管理，2013，38（4）：82-86.

[14] 朱代成，何长城，张留志．关于环保绿色多功能微生物肥料探讨［J］．农业与技术，2018，38（20）：247.

[15] 周法永，卢布，顾金刚，等．我国微生物肥料的发展阶段及第三代产品特征探讨［J］．中国土壤与肥料，2015（1）：12-17.

[16] 姜佰文，刘羚慧，陈晓武，等．生物菌剂对土壤无机磷活化效果的研究［J］．东北农业大学学报，2014，45（9）：62-66.

[17] 张姗姗，赵凡，邓岚，等．不同微生物肥料对西藏桃品质及土壤肥力的影响［J］．农学学报，2016，6（11）：27-31.

[18] 吴小杰，田稼，孙超，等．微生物肥料对洛川老龄果园苹果产量及品质的影响［J］．山东农业科学，2018，50（7）：121-125.

[19] 杜延全．微生物肥料替代部分化学肥料对玉米生长及品质的影响探究［J］．农业与技术，2018，38（4）：33.

[20] 陈光，许会会，王春夏，等．复合微生物肥料在西瓜上的应用效果研究［J］．现代农业科技，2018（23）：73-75.

[21] 祝英，彭轶楠，巩晓芳，等．不同微生物菌剂对当归苗生长及根际土微生物和养分的影响［J］．应用与环境生物学报，2017，23（3）：511-519.

[22] 李丽艳，朱瑞艳，杜迎辉，等．微生物肥料对草莓根腐病防治效果及对根围土壤微生物群落多样性的影响［J］．安徽农业科学，2018，46（33）：111-113.

[23] 谯天敏，张静，冉晓潇，等．解淀粉芽孢杆菌在山茶叶中的定殖及对山茶灰斑病的防效［J］．西北农林科技大学学报（自然科学版），2015，43（10）：77-84.

[24] 张瑞福，颜春荣，张楠，等．微生物肥料研究及其在耕地质量提升中的应用前景［J］．中国农业科技导报，2013，15（5）：8-16.

[25] 谢慧芳，张晋华，辛文力，等．微生物菌剂在线污泥减量的生产性应用研究（英文）［J］．东南大学学报：英文版，2016，32（4）：502-507.

[26] 刘小红．三科微生物复合菌剂707新疆棉花施用效果试验［J］．农业工程技术，2017，37（2）：21.

[27] 周庆，陈杏娟，许玫英．微生物菌剂在难降解有机污染治理的研究进展［J］．微生物学通报，2013，40（4）：669-676.

[28] 范洁群，褚长彬，吴淑杭，等．不同微生物菌肥对桃园土壤微生物活性和果实品质的影响［J］．上海农业学报，2013，29（1）：51-54.

[29] 崔鹤宇．微生物菌肥对梨枣生长及结果的影响试验［J］．河北林业科技，2013（2）：10-11.

［30］王国明，赵颖，王美琴，等．微生物菌肥对普陀樟、红楠 2 个树种苗木生长及养分状况的影响［J］．中国农学通报，2016，32（34）：7-14.

［31］曲雪静．关于微生物肥料研究现状及发展趋势［J］．生物技术世界，2016（4）：50-51.

［32］柳慧丽，李园园，鞠瑞成，等．拮抗枯草芽孢杆菌 KC-5 的分离鉴定及其发酵优化［J］．中国生物工程杂志，2014，34（3）：96-102.

［33］陈哲，梁宏，黄静，等．解淀粉芽孢杆菌 CM3 培养基及发酵条件优化［J］．山西农业科学，2016，44（11）：1577-1583.

［34］汤世雄．嗜酸小球菌液体生料发酵及菌剂干燥工艺的研究［D］．长沙：湖南农业大学，2016.

［35］王玉丽．腐熟用枯草芽孢杆菌菌剂的研制［D］．石家庄：河北科技大学，2015.

［36］李静舒，张恒慧，贺东亮．高活菌数微生态制剂的制备及其抑菌活性研究［J］．饲料研究，2020（1）：5.

［37］雷太平，顾锡慧，官赞赞，等．一种污水处理用液态菌剂的保存方法［P］．中国发明专利，104357326A.

［38］曾红，万传星，罗晓霞，等．一种棉花黄萎病防治菌剂及其制备方法［P］．中国发明专利，2016-09-28.

［39］潘寒姁，谢芳，王姣，等．碳酸氢钠与抗坏血酸复合处理对鲜切苹果褐变和品质的影响［J］．中国农业大学学报，2015，20（2）：114-123.

［40］李慧，王平，肖明．硅藻土和滑石粉作为荧光假单胞菌 P13 菌剂的载体研究［J］．中国生物防治，2019，25（3）：239-244.

［41］孙淑雲，古小治，张启超，等．水草腐烂引发的黑臭水体应急处置技术研究［J］．湖泊科学，2016，28（3）：485-493.

［42］刘树彬，王新锐，林壮其，等．枯草芽孢杆菌 HAINUP40 水质净化作用的研究［J］．水产科学，2018，37（2）：159-166.

［43］张睿，王广军，李志斐等．枯草芽孢杆菌对铜绿微囊藻抑制效果的研究［J］．中国环境科学，2015，35（6）：1814-1821.

［44］毛涛，袁科平，韦扬帆．固定化枯草芽孢杆菌净化池塘养殖水体的效果［J］．江苏农业学报，2014，30（6）：1355-1359.

［45］周跃龙，胡美丹，汪新强，等．固定化硝化细菌与聚磷菌对南昌市内河流水污染物降解的研究［J］．水资源与水工程学报，2018，29（1）：75-78.

［46］郑彭生，吴雪茜，周如禄，等．处理高氨氮废水亚硝化细菌培养实验研究［J］．水处理技术，2018，44（2）：60-62.

［47］丁杰，郝艳，孟繁华，等．假丝酵母菌对高浓度苯酚的降解效果及 SDS 对其生长影响［J］．环境监测管理与技术，2018，30（1）：65-67.

［48］杜聪，冯胜，张毅敏，等．微生物菌剂对黑臭水体水质改善及生物多样性修复效果研究［J］．环境工程，2018，36（8）：6-12.

［49］姚舒欣．曝气联合强化微生物技术对黑臭水体水质的影响研究［D］．重庆：重庆大学，2018.

［50］曲萌．黑臭水体净化菌剂的构建及其生物强化效能［D］．沈阳：辽宁大学，2019.

［51］王颖．铁碳微电解耦合反硝化菌削减河道黑臭底泥污染物及净化水质的研究［D］．广州：华南理工大学，2019.